U0147167

月亮考

關於月亮的傳說、科學與一切

朵娜．漢斯（Donna Henes） 著
嚴洋洋 譯

國家圖書館出版品預行編目資料

月亮考 / 朵娜．漢斯（Donna Henes）著；嚴洋洋譯，--初版--臺北市：信實文化行銷，2007〔民96〕
面；21.5×16.5 公分（LOOK）
ISBN：978-986-8368-02-6（平裝）
譯自：The moon watcher's companion:everything you wanted to know about the moon and more.
1.月球—通俗作品

325.6 96016679

月亮考 關於月亮的傳說、科學與一切

作者：朵娜．漢斯（Donna Henes）
譯者：嚴洋洋
總編輯：許麗雯
文編：劉綺文
美編：謝孃瑩
插圖：謝孃瑩
行銷總監：黃莉貞
發行：楊伯江
出版：信實文化行銷有限公司
地址：台北市大安區忠孝東路四段341號11樓之3
電話：（02）2740-3939
傳真：（02）2777-1413
http://www.cultuspeak.com.tw
E-Mail：cultuspeak@cultuspeak.com.tw
郵撥帳號：50040687信實文化行銷有限公司
製版：菘展製版 印刷：松霖印刷
總經銷：大衆雨晨圖書有限公司
（235）台北縣中和市中正路872號10樓
電話：（02）3234-7887 傳真：（02）3234-3931

2007年9月初版一刷
定價：新台幣250元整

Contents

PART3　真實月亮

我們所知道的月球

推薦

「朵娜・漢斯引領你穿越時空，來到不受文化地點和月相盈虧時段限制，那灑滿銀色月光的世界，帶讀者繞行一圈作映像豐富的月亮巡禮。這是一本關於所有描述月亮的詩歌小書；囊括月亮專學和科學發現等可喜的總集，更是本喜愛觀月者書架上不可或缺的清新小品。」

——《陰曆：優雅微妙的百變月神》（The Lunar Calendar: Delicated to the Goddess in Her Many Guises）編輯，——南西・派斯摩（Nancy FW Passmore）

「漢斯的作品總是充滿娛樂性，這本書對於喜愛觀測月亮又樂此不疲的人，可謂是不可多得的好書。」

——貝爾坦日報（Beltane Papers）。

前言

這本書是經由威廉・蓋爾森（William Galison）的多方奔走方才順利誕生。

十幾年前，威廉在讀過我發表在報紙上的專欄：天降吉兆（Celestially Auspicious Occasions）後和我聯絡。

他說他正著手進行一隻革命性的創新腕錶的發明，錶面會隨著月相的盈虧，日日有所變化。

這樣的月相錶會展現出月亮週期，讓大家更完整地理解月亮變化的過程。無論持錶人身在何處，或是天氣如何，都能夠如願以償的看到月亮，無形中讓我們和這無垠的遼闊宇宙有了奇妙的關聯。

威廉表示，能知道更多月亮學說、神話故事，還有經年累月記載下來的，和月亮有關的多重文化，將使觀月者的經驗更加豐富完整。

他問道：「不知道你對爲觀測月亮的人寫一本貼心手冊有沒有興趣？」

「我很樂意！」這是我當下直覺的回答，其餘則是後話。

十年過去了，大大小小無數創新的發明都已問市；偉大的

月相錶也登場了，而這本書也如期完成。

感謝威廉洞燭機先的眼光、遠見、靈感和長久的支持。

願我們永遠都活在銀色月光之下。

「月亮有張如大廳堂的時鐘一樣的臉蛋，
她偷偷摸摸地在花園牆上映照月光，
在街頭和田野和港灣，
還有鳥兒棲息的枝椏上。
喵嗚喵嗚的貓咪和吱吱叫的老鼠，
在房子大門邊汪汪叫的狗，
中午在床上昏睡的蝙蝠。
全部都喜歡被月光溫柔地照拂。

但是所有的事情總由上天安排，
這樣膩著睡不是月亮的風格。
花與孩子們都靜靜地閉上眼睛
睡到天亮太陽曬屁股。」

——羅伯·路易斯·史蒂文生（Robert Louis Stevenson）

Part 1

月亮表面
我們所看到的月亮

月亮上住了什麼人？

這是流傳在大部份民間傳說的主題之一。

關於有人居住在月亮上這類的印象，

無疑地是所有傳奇故事裡共同的素材。

月亮觀測

與月亮有關的謎語

英格蘭

問：在摩理根公園有一隻鹿，銀色的角配上金色發光的耳；不是魚、獸類、羽毛或骨頭，她在摩理根公園裡獨行。

答：新月。

北美原住民

問：年輕時有兩隻角，中年時角不見，而老年又回歸兩隻角？

答：月亮。

瑞典

問：爸爸的鐮刀掛在媽媽週日的黑裙上。

答：新月。

月亮觀測

月亮大蒐奇

從一開始，在這之前，

人類初次經歷時代，我們已經想到了你，

你對我們而言是個驚奇，

遙遠地不可觸及，

我們所祈求的，不僅僅是觸摸或到達，

而是你那超越我們智慧和生命的光——

或許那對我們而言具有特殊意義啊。

——月球之旅（*Voyage to the Moon*）
亞契柏德・麥克拉許（*Archibald MacLeish*）
二十世紀美國人

自遠古以來，月亮就一直存在。它總是在那兒，持續規律地變化著形狀。是地球在繞行宇宙既有軌道時，最忠貞不渝的伴侶，也像是在我們腳邊徘徊打轉的狗兒。

恆常穩定的月啊！不曾擅離職守，總是陪伴在我們身旁；除了令人不安的兩三天月晦，它會神秘地躲起來，讓人找不著，把我們遺留在失措的黑暗裡，其他時候它總是高掛在天空上，照耀著我們。

月亮一向提供人類神秘奇幻的夜景秀，使我們無盡的窺探慾得以滿足。從很久很久以前，人們就開始觀測月亮，並且好奇地想著：月亮到底是什麼成份組成的？

月亮是怎麼形成的？爲什麼月亮的行徑是這樣？爲什麼月亮看起來離我們那麼近？是誰住在那裡？

失神月
（Lunatic，Maniac）

古老歐洲傳說中，人們因受月神露娜（Luna）和瑪娜（Mana）影響而失神的情形，
現代引申為只要因為月亮週期引力刺激而精神衰弱的狀態，就將當時的月亮稱作失神月。

住在月亮上的人

月亮上的男人

月亮上住了什麼人？是大部份世界民間傳說的主題之一。梵語中的月亮是陽性的mâs，如同古代斯堪地那維亞語的mâni。所有北歐條頓語系中的月亮，都是陽性名詞，而在英語、法語、西班牙語、義大利語、拉丁文和希臘文裡，則是陰性的。不過，有人居住在月亮上這類的印象，卻是所有傳奇裡都有的素材。

月亮上的男人跌跌撞撞地滾了個夠，
逢人就問往挪利其（Norwich）怎麼去？
他朝南邊去，還燙傷了嘴跟手，
因為他剛吃了黃金豆和麥片粥。

——鵝媽媽童謠（Mother Goose）

對澳大利亞、馬來西亞和其他南太平洋的人們來說，住在月亮上的是個男人。比方中國傳說中的月老，他是負責人間姻緣的天神，用紅線把地上命中注定的一對佳偶互相牽成。

猶太聖法經傳裡被放逐到月亮的是約伯（Jacob）；在法國異教的迷信裡，則是出賣耶穌的以色加略人猶大（Judas Iscariot）。古埃及也有一個住在月亮的狗面神戴奧斯（Thoth）：

讚美戴奧斯神啊！厲阿神之子。
月亮絕美地昇起，
因著他的手，光芒四射的神
他照亮了天上所有神祇。

——埃及讚詩

塞爾維亞的月亮居民被叫做麥斯提斯（Myesyts），他總是僞裝成禿頭的大叔模樣，但是他或她，也常被引證爲一個小女妖精，這代表性別認同的混淆和矛盾。至於肯亞的恰卡族（Chaga ）則認爲這蒼白朦朧的無盡月色，證明了月神和其世間的跟隨者，還落後到不知道用火的地步。

羅翁（Roong）是加拿大西部海達（Haida）族的男性月亮神祇，由於實在孤寂地緊，他總會不時地誘拐一個人到夜空與他作伴。每當那被囚禁的人試著逃脫，他就會憤怒地潑出一桶水，傳說這就是稍後紛紛降落大地的甘霖雨水。

從水盆裡，
舀起一瓢月光，
然後揮灑出去。

——兩方，十八世紀日本人

挪威人艾達（Edda）曾形容，肉眼可以看到的月亮斑駁，是因爲上面有一位男孩和女孩提了桶水。而那兩個孩子猶奇（Hjuki）和琵兒（Bil），已經被轉換成我們熟知的辭彙：傑克（Jack）和吉兒（Jill）。他們倆艱苦跋涉，登上陡坡、爬下斜坡，只爲了追隨月亮每個月的盈虧圓缺。

傑克和吉兒，
爬上山坡，
想去接桶水，

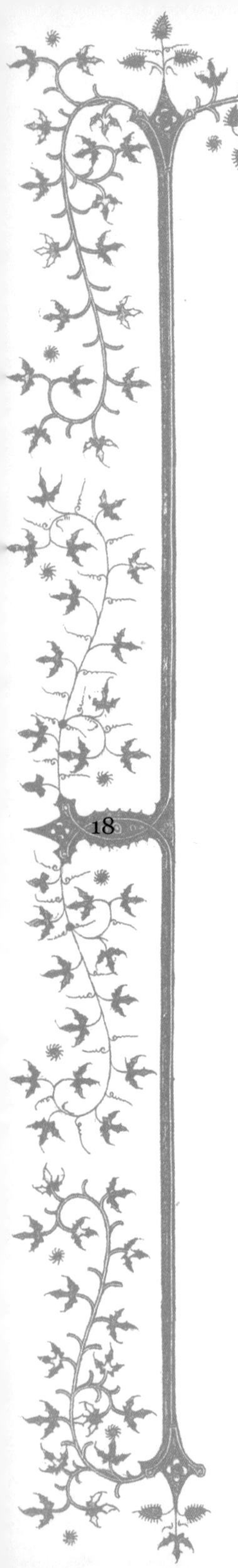

傑克跌了下來，

摔破了頭，

吉兒跟在後頭，

一樣滾了下來。

——鵝媽媽童謠（*Mother Goose*）

不少人對於月亮週期性的變化頗有微詞，認爲這樣的詭譎多變，和一個廉潔好官或是自持甚高的紳士特質頗不相符。在德國的民俗傳說，月亮上的男人總是拿著偷來的一綑柴薪、包心菜、羊群或是稻草等，他不但是個小偷，還做過更多的壞事。古老的歐洲甚至傳說住在月亮上的人，是個淫褻下流的老頭，讓無辜的婦女受孕，女人在每個月亮高掛的夜晚便無法安眠。而西伯利亞的恰克奇（Chuckchi）族男人則恰恰相反，他們會刻意在月亮面前現寶，祈求她賜與持久勇猛的神力。

上亞馬遜的印地安人深信，年輕女子的第一次月事有受到月亮的影響，這使女孩的發育成長宛如鮮花綻放。類似的情況發生在巴布亞新幾內亞，人們深信月亮是每個女人的第一個丈夫，而女孩每個月的經血正是這種關係的證明。

根據喜瑪拉雅山下的凱亞薩（Khasias）族人的說法，月亮總是因爲自己的岳母——太陽，陷入禁忌的單戀。而他每個月固定被遮蔽消失幾天，其實是肇因於太陽的不悅。在月亮臉上猛力推撞造成的飛沙走石，是由於他那不當的輕率言行造成的。

還有一個類似的故事，在北美洲、格陵蘭和西伯利亞等極北之處的愛斯基摩族人間流傳著。這裡的太陽和月亮稱爲瑪麗娜（Malina）和安尼格（Anninga），是姐弟關係。有一晚，

安尼格偷偷地潛入瑪麗娜的閨房，無禮而不檢點地緊緊抱著她，冒犯了瑪麗娜；瑪麗娜忍著恐懼，在闖入者的臉抹上炭灰，這樣天亮時就可以找出色狼是誰。於是月亮弟弟的逾矩的事就被發現了，他被嚴厲地譴責，並且被限制，在陽光出現前，他永遠只能待在陰暗裡。

這個故事有各式各樣修訂的版本在美洲流傳著，甚至向南直到巴西一帶。在羅馬尼亞，故事的角色是調換過來的，月亮是一名女性；她刻意用炭灰抹黑了整張臉來裝醜，來抵制太陽哥哥亂倫的求愛。而在斯拉夫民族的民間傳說裡，不貞的夜神月亮，一樣因為違法亂紀而被太陽懲罰。

在非洲布許曼人（Bushmen）的認知裡，月亮上的男人也是遭到天譴的傢伙，太陽還用刀一片片地凌遲月亮作為刑罰，日復一日直到月亮完全被殲滅為止。而經歷過嚴酷折磨的月亮，必須找個地方休養，以恢復元氣，好應付下一個苦難的月。

月人
（Lunarian）

指月亮上的居民或是具有特殊月亮常識的人。

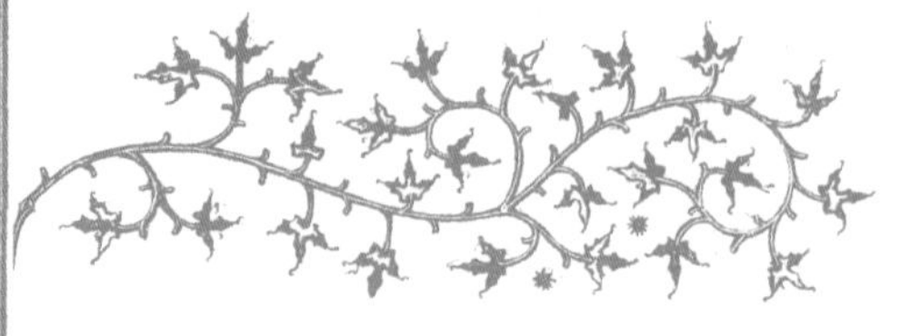

住在月亮上的人

月亮上的女人

絕大部份神話故事中的月亮形象，絕大部份都是「慈母」，次數的頻繁和重要性，遠超於前面提到的那些姦淫劫掠的不羈男性月神。

傳說中，太平洋的波利尼西亞島群，第一個女人就是月亮——希娜（Hina），之後當地誕生的每個女人，都是依她形象創造出來的瓦希妮（wahine）。

在月亮工作的希娜，
像個舀勺般飄浮。她被放進一艘獨木舟裡，
被稱為希娜小筏。
她被引領上岸，並且放在火堆邊。
珊瑚蟲誕生了，海鰻誕生了，
海膽誕生了，
火山石也誕生了。

因此她被稱為

孕育多元化的希娜。

——太平洋島嶼卡謬力波族（*Cumulipo*）的詩歌

愛斯雀兒（Ix Chel），馬雅族的月神，被認爲是所有女人之始，也是衆神之始。她是涵養萬物之水的創造者，也是孕婦、產婦的守護神。

西伯利亞的恰克奇人稱月亮女神爲母親，他們的愛斯基摩近親也一樣讚頌著釋放光芒的月神，認爲她終身守貞而不需配偶。

噢！月亮啊月亮，誰是你的母親？

銀白的新月！她是否對你皺眉——當收成歉收時。

如果沒有，你的嘴形應該是象徵豐收圓滿的圓形。

她給予我任何年齡的女人該具備的魅力，

這是她給我的兩個秘訣——別問為什麼。

——巴布亞新幾內亞愛爾瑪族（*Elema*）的詩歌

埃及人稱呼月亮是宇宙之母，根據希臘歷史學家蒲魯塔克（Plutarch）的說法：「月光有製造雨水和促進生長的神力，使天下萬物生靈發育，並結實累累。」埃及的象形文字mena，就是代表著月亮和乳房的雙重意義。西陶兒（Hathor）是掌管生殖的女神，是一隻神聖的母牛。在神話的刻畫之下，她的形象是雙角背負太陽（傳說中月亮的兒子）的圓盤，而她所哺出的乳汁就是銀河和星斗，更是所有生命所需的水源。

不列顛的原名是象徵奶白色月光的愛比安（Albion）女神；歐洲大陸（European）的原名是歐羅巴女神（Europa），也就是西方人熟知的希拉（Hera）或艾娥（Io）——一種擁有月牙白色澤的母牛。芬蘭的造物主名叫盧諾塔（Luonnotar），她就是月神——生下了巨蛋（great World Egg）之後，將蛋孵化成宇宙的女神。

秘魯文化中，稱呼月亮為吉拉媽媽（Mama Quilla），她也生了顆蛋。媽媽歐蓋羅（Mama Ogllo）是閨女月神，她和哥哥太陽一起創立了印加王朝（the royal Incan dynasty）。美洲西南部的祖尼族人（the Zuni）推崇月亮為「我的母親」（the Moon our Mother），她是太陽的小妹妹。北美洲蘇族

月經
（Menses）

女人的月經是因為月亮週期而來的，
字源來自希臘字mene，表示月亮和月份的意思。

經期
（Menstruation）

「月相更改」表示引發月經的一段期間；
德文的說法是die monde，法文則是le moment de la lune。

（The Sioux，印第安人的一族，自稱達可塔〔Dakota〕族）也一樣尊敬月亮是不死的女人（the Old Woman Who Never Dies）。對易洛魁族（Iroquois）來說，月亮是永恆不滅的，她是創造並保護地表萬物的母親。但對阿帕契人（Apache，美國西南部印第安人的一族。）與印第安那瓦霍族人（Navaho，美國新墨西哥、亞利桑那、猶他等州的印第安人）來說，月亮是善變的女人。

第一個世間女子握它在手中，
她把月亮握緊了。
就在天空的中央，她握它在手中。
當她握住了月亮，它便開始上升了。

第一個世間女子握它在手中，
她把月亮握緊了。
就在天空的中央，她握它在手中。
當她握住了月亮，它便開始下降了。

——印第安那瓦霍族（*Navaho*）傳說

月亮在近東地區國家的傳說中，是以天后的身份統治著古代巴比倫帝國、波斯、敘利亞、撒馬利亞、阿卡得（Akkadia）與迦南人。她衍生所有與生命息息相關的人物，如傳說中的阿妮絲（Anath）、阿雪瑞絲（Asherath）、阿娜希塔（Anahita）、巧蒂希（Qadesh）、莉麗斯（Lilith）、愛希塔（Ishtar）、伊納娜（Inanna）和與子宮同義的艾思塔特（Astarte）。

停經期
（Menopause）

女人到一定年齡不再來月經，
傳說是受月亮的影響。

比方說，愛希塔（Ishtar）曾經歌詠著：「我，萬物之母，繁衍後代；他們像無數的魚苗，豐盈了海洋。」在古代波斯，月神的名字是蜜特拉（Metra），她對天下的愛涵蓋了整個大地。

在古老伊斯蘭教的阿拉伯地區，月亮是女性化的象徵，崇拜月亮是極爲流行的風俗。她是瑪內（Manat），瑪卡月亮之母。雖然女性依然被嚴格禁止進入神殿，但月亮的神殿至今依然聖潔崇高。她的別名是雅拉特（Al-Lat），最終慢慢演變成阿拉（Allah）的名號。

希臘神話中的希拉（Hera）、戴米特（Demeter）、雅特米斯（Artemis）、戴緹斯（Thetis）、菲比（Phoebe）和思琳娜（Selne）；還有羅馬神話的露娜（Luna）、瑪娜（Mana）、戴安娜（Diana）；還有蓋爾族和高盧人的嘉拉（Gala）或嘉拉塔（Galata）等名字的女人，都和月亮有關。處女瑪麗（

Mary）常被認爲是天庭中母后的角色，也常站在一彎新月旁邊。在中亞，月亮被認爲像鏡子一樣，能反映出世間種種細節的女神。

完美智慧的女神，
神聖的泰拉心情愉悦，
夜晚的良伴，全能的天后，
帶著令人敬畏的目光，
月亮般銀白的臉蛋，
閃耀燦爛，無法逼視。

——印度經文

月亮女神是天授的助產士：西非尼日的文化認爲，是偉大的月母差遣月鳥送寶寶來人世間。中非布干達（Baganda）地區的人們，會在新生兒出生的下一個滿月夜裡爲寶寶浸浴。非洲西部阿散蒂（Ashanti）地區的文化中，阿昆巴月神（the moon Akua'ba）是豐饒生殖的象徵，能確保妊娠受孕，到寶寶健壯誕生的過程都圓滿平安順利。

住在月亮上的人

月靈

「所有人類終需一死，只有月亮會一再重生。」

——烏干達南地族（*Nandi Tribe*）

月亮既被視爲生命的製造和供應者，也被廣泛地認爲是死亡的導引和管理者。

而生命與死亡也像是月亮的兩極形態，有圓亮和全滅的黑暗。居住在（古代幼發拉底河下游的蘇美人），他們的月亮女神伊納娜（Inanna），正是生命、生殖、死亡和重生的主宰。中亞的塔塔族（Tartars）人稱呼月亮是瑪加阿拉（Macha Alla），掌管生死的夜后。

島民說，和月亮有關的那些女巫師，會把死後的亡魂吃掉。根據印度婆羅門吠陀經（Vedas的說法，人死後的靈魂會昇華到月亮，供母性的月靈來消耗掉。如勾的新月就常被視爲引渡亡魂的小船，將這些魂魄送到月亮上，好得以安息。

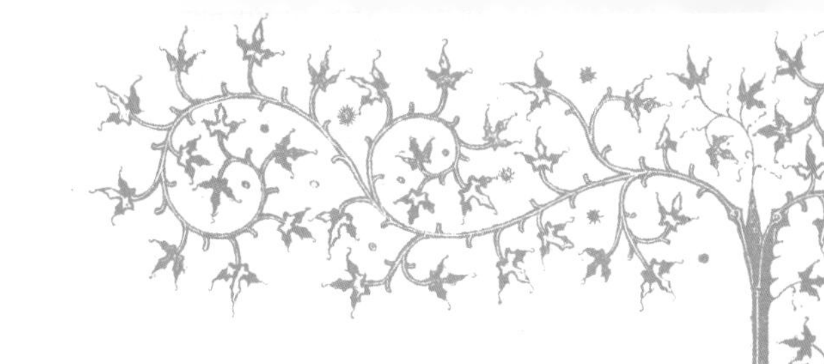

月亮如逝水年華，

盈虧輪迴一再重複：

像一天一天流逝的日子，像佳釀美酒。

也像逝去的靈魂，

直往安寧之地。

——馬雅語

古墨西哥帝國則稱呼月神爲墓地裡的女子。埃及人認爲天堂就在月亮上，希臘人說的墓地，伊利山之地（Elysian Fields）也是在月亮。蒲魯塔克對此下了註解：「月亮吸取死者靈魂而產生精力，正如同大地吸收死者遺骸精華而運轉不息。」

夜梟女的死亡之歌

在深夜裡我的心就要遠揚，

迎面而來的是無盡的黑暗。

在深夜裡我的心就要遠揚，

——北美印第安的巴巴哥人（*Papago*）詩歌

吉普賽人同意月亮上留駐著亡魂；蒲隆地的國王在追溯祖先時，甚至於會放入月亮神祇，深信他們死去後，都會同意回到月宮去。

波里尼西亞人認爲月亮是往生的國王或長老等歸屬之地，南美洲的瓜庫魯人，則說死去的藥師會住在那裡，對於南美洲的蓋瓜魯（Guacurus）人來說，月亮就是天堂，因爲那邊沒有蚊子的侵略。

對鬼之歌

我的朋友，

這是個蠻橫的世界，

我們就要跨越這一切，

踏著月光而行。

——內布拉斯加東北部的印第安奧馬哈人（*Omaha*）

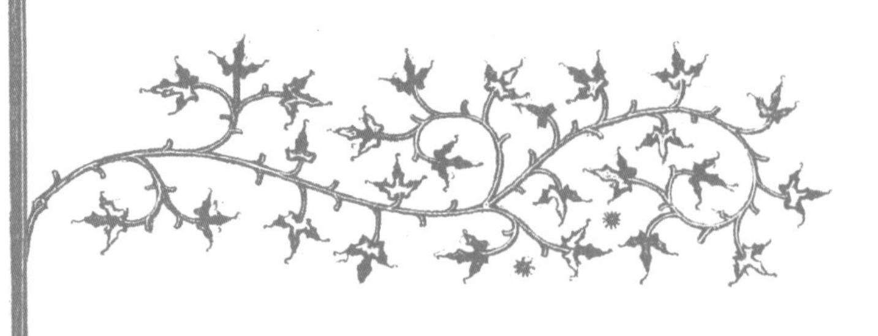

住在月亮上的人

月亮的動物寓言

除了所有的男人、女士、母親、女神和其他神靈，神話故事中，月亮上還住著許多各種動物。這些生物之所以和月亮牽扯上關係的，多半是在生理和行爲上，與月亮的週期作息相關。像是生活在月光之下的夜行性動物；傍水而居的水棲生物（潮汐與月光息息相關）；有著讓人想起月形盈虧、彎月狀的角；或是像月亮一樣會定期變化形狀的生物。

月亮是牡牛，有對彎角。

月亮是豹子，掠奪夜間所有光亮。

月亮是母熊，是母獅，

是三頭獵狗，

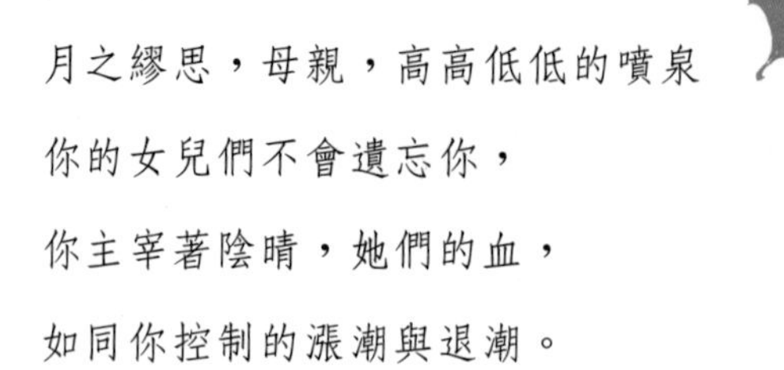

月之繆思，母親，高高低低的噴泉
你的女兒們不會遺忘你，
你主宰著陰晴，她們的血，
如同你控制的漲潮與退潮。

——康斯坦絲・烏登（*Constance Urdang*）
二十世紀美國人

蝙蝠

有個寓言講的是蝙蝠王邀請月亮前來赴宴的故事。他準備了豐美多汁的肉類來招待月亮，當月亮欣然來到，他收起了該有的禮貌和客套，想對來訪的月亮爲所欲爲。月亮拿走盛放肉食的盤子翩然離去，而蝙蝠體型嬌小不夠強壯，無法阻止月亮離去。從那天起，蝙蝠就以倒吊之姿，把屁股對著月亮，以表達牠們的不滿和屈辱。

鳥類

某些特定的鳥類，因爲外形、顏色或是生性屬於夜行性、水棲動物，而和月亮有密切的關聯。住在月亮的埃及狗面神戴奧斯就常被刻畫成化身水鳥朱鷺；而休達卡（Huitaca），哥倫比亞的西比加人（Cibcha）眼中的月亮女神，則是以夜梟的姿態降臨人間。

鳥類有著神秘奇妙的特質，因爲牠們飛翔在地面人間和天空，彷彿將月神所有的版圖做了聯結。西非的尼日人深信：偉大的月亮之母差遣月之鳥到人間遞送寶寶。

在東非，有個說法是月亮一度距離地球非常近，近到從地面看去像隻在天際的白色大鳥。但有人用毒箭向這「月白鳥兒」射去，使得月亮開始有了月虧期，很快地衰亡。

牛

嘿嘿嘿！搖啊搖啊搖。

貓咪和提琴樂。

牛兒縱身跳過月。

狗見了笑嘴咧，

鍋碗瓢盆也拔腿就跑。

——鵝媽媽童謠

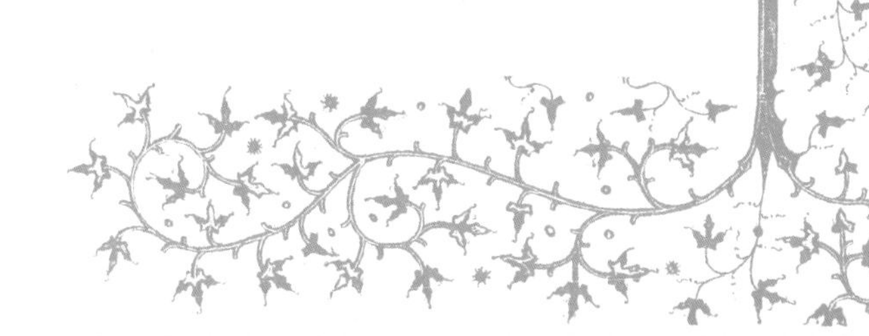

巨蟹寶寶
（Moon Child）

專門拿來指那些出生時，
星座是巨蟹的寶寶們，
既然月亮主管螃蟹，之間必有些共同點。

從印度到斯堪地那維亞，甚至在西半球也一樣，以白母牛化身成的各種牛科動物，擁有巨大勢力。最古老著名的慈愛母牛是亞斯塔特（Astart），她曾被大文豪彌爾頓（John Milton）形容成：「亞斯塔特，天界之后，有新月般的彎角。」她從中東的新石器時代崛起，再以不同的化身活躍在青銅器時期。住在月亮的埃及女神戴奧斯，就常被刻畫成雙角間負載著整個天體。

敘利亞迦南文化的月亮女神阿奈絲（Anath），常化身為母牛；這和希臘人的牛眼天后希拉（Hera），希臘神話的歐羅巴，邁諾安文化（ 島為中心發達起來的文化的派斯菲

（Pasiphae）、愛奧尼亞人（Ionian）中帶著角的艾歐（Io）、印度的蓋歐絲（Gaus），還有斯堪地那維亞人奧杜姆拉（Audumla），都是和月亮有關的人物。麗雅（Leah）是希伯來語中，聖經故事女族長的名字，也是世代之母和野牛的意思。亞述人在他們定期的生育慶典中，不斷地重複月亮是掌管生殖大權的母牛；蘇美人則是在讚美詩中強調，月亮是頭「機警且勤勞」的牛。

祭月
（Luniolatry）

祭拜月亮的儀式。

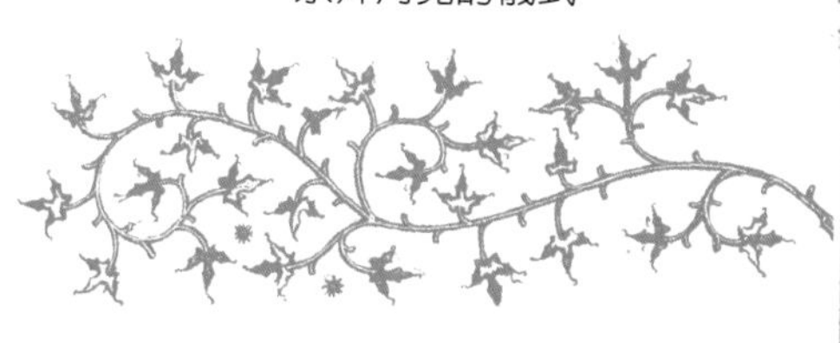

月
是白
牛
美妙地
踏步
在天鵝絨上。

——〈印象〉
阿拉斯提爾・康貝爾（*Alastair Campbell*）
二十世紀紐西蘭人。

癲狂
（Mania）

古老傳說有些人因為月亮的影響，
而過份興奮或激動造成的發狂、發癲狀態。

在納米比亞（Namibia，舊稱西南非洲）人們在祭典中吹響羚羊角，來表達對月亮的感謝，讓他們在沙漠中能順利地獵補夜行性的動物。羅馬的月之女神是著名的黛安娜，她容光煥發且精力充沛，希臘神話裡的獵神愛蒂蜜絲（Artemis），牡鹿和閹割過的雄鹿，都是隨侍在她身邊的動物。鹿在某些傳說裡，被視爲是種擁有神奇力量的動物，因爲他們的雙角會如月亮般地一再重生。

貓

有著夜行特性的貓在晚上常常可以看到。貓咪的這種夜間作息本領、冷靜洞悉的觀念力（或稱爲內視能力），傳統上常

被認爲和月亮有關。黑貓可以代表黑暗的月。有獅子血統的埃及人面獅身斯芬克斯（Sphinx），是知名的處於生死兩界的靈獸。而老虎則是中國猛獸中深夜的象徵。

月如後街的貓兒般喧囂，
瞳孔映出她嗚咽髮辮，
涼夜如水親觸裸足，
為了愛人，
棄守美姿，
不顧年月，
拒絕咖啡，
徹夜未眠，
只為尋覓真愛之人，
貓咪漫步於護欄上歌詠，
聲線如蜜，
貓的低呼如葡萄果醬，
濕潤泛亮她唱著，
天空掂起一腳聆聽，

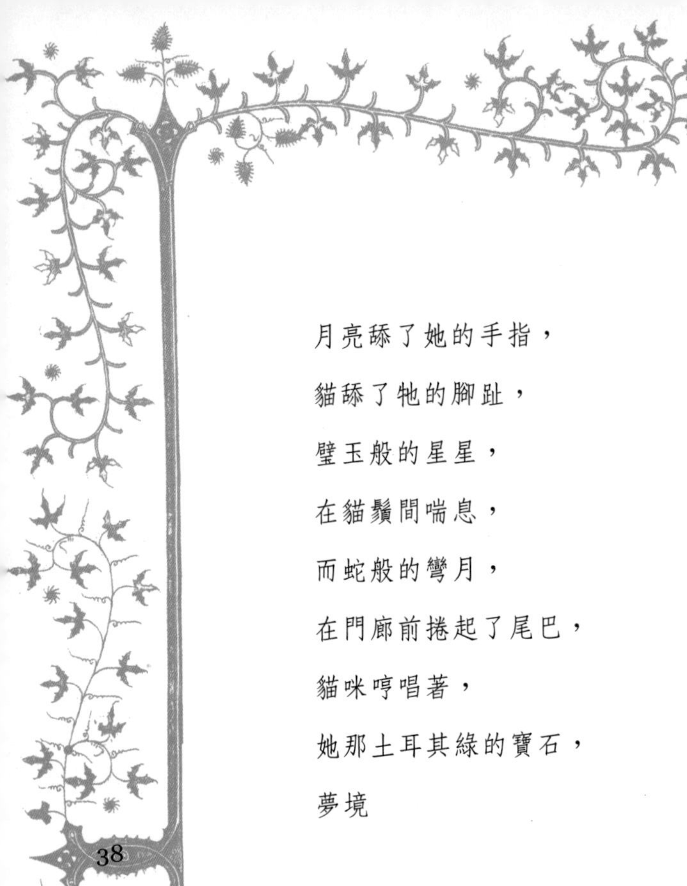

月亮舔了她的手指，

貓舔了牠的腳趾，

璧玉般的星星，

在貓鬚間喘息，

而蛇般的彎月，

在門廊前捲起了尾巴，

貓咪哼唱著，

她那土耳其綠的寶石，

夢境

——費・奇克諾斯威（*Faye Kicknosway*）
二十世紀美國人

埃及人以貓女神貝思特（Bast/Bastet）來辨別月亮。在埃及，貓是不可侵犯、讓人供奉的聖物，貢獻給衆女神之母愛西絲（Isis）。整個東非都幾乎將貓和月亮劃上等號，在那兒皮毛整潔滑順的黑貓，象徵著被寵愛的年輕女子。

對澳大利亞土著而言，被稱爲米太安（Mityan）的月亮，就是一隻貓：牠愛上鄰居的老婆並且相約兩人私奔，沒想到牠

被盛怒中的丈夫逮到，還被痛打一頓，米太安拼命逃跑，從此之後就傳說牠四處流浪、居無定所。

狗，狼

在古老歐洲巴爾幹半島尙未有文明之時，傳說中，狗是月神聖潔崇高的侍從。埃及狗面月神戴奧斯在壁畫中就有牠在夜遊吠月之際，被野獸緩緩呑噬的場面。而死亡女神賀克特（Hecate）就是暗月的代表，她身邊總有隨行的狗群。正如月亮女神黛安娜與獵神愛蒂蜜絲，在夜間獵遊時總是帶狗同行。

狼因為嗜吃腐肉的習性，被視為死亡和重生的象徵，也是可以在月亮週期中看到變化的一類。挪威的月神愛達（Edda）告訴愛和冥府之神海爾（Hel），她生了一隻月之狼狗，在人們把靈魂引領到天堂之前，專吃死者的肉身屍骸。

美國原住民克里克人深信，月亮上住著一位老者，還有許

多陪伴他的狗群。

印第安人中的塞尼加族則認爲，狼族的祖靈都愛對著高掛於天空的月亮唱歌，這也就是爲什麼所有的狼，到今天還是一樣愛對月亮嗥叫了。

月鯵
（Moon fish）

身體長而扁，通常是銀色或黃色的魚類；在美洲沿海很容易發現。

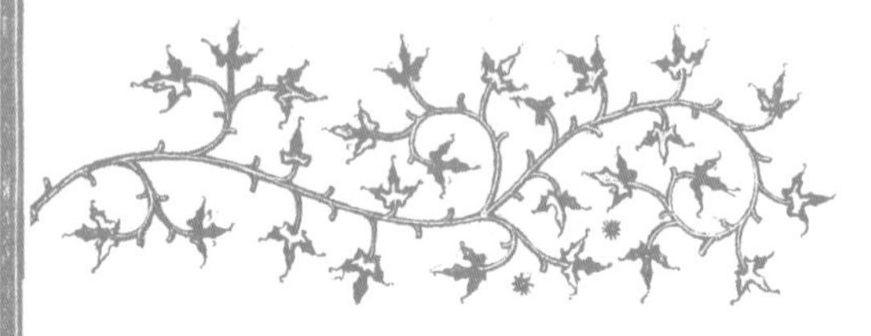

魚

傳統上魚是供獻給主掌月亮和潮汐女神的神物。占星學上的雙魚座就代表兩個新月的圖案，一個月盈一個月虧。

青蛙，癩蛤蟆

青蛙代表變身轉型，因爲它的成長就是個明顯的蛻變—由蝌蚪長成四隻腳的青蛙。在功能上，青蛙更是水陸兩棲，無論是水池或陸地，青蛙都能生存呼吸。在美國的原住民神話中，一致認爲月亮上肉眼可以看到的斑駁月影，是青蛙的蹤影。有

一個傳說是這樣的：青蛙的姐妹們無禮地拒絕所有動物的求愛，被拒絕的對象嚎啕大哭，落下傾盆的奔流淚水；青蛙的姐妹們無計可施，只好逃到月亮上，最後就這麼住了下來。

另外一個故事就豐富有趣多了：青蛙是太陽和月亮的保護者，為了避免貪吃的大熊一口就把太陽和月亮給吞進肚子，所以青蛙會不時地吃一口月亮，最後月亮竟然轉過身也把青蛙給吞下去了。如果你仔細觀察月亮，就會發現一隻青蛙坐在月亮中央悠閒地編著籃子。

在美國西北岸的撒利希語族（Salish）和馬杜族（Maidu）人，則是在月亮上看到癩蛤蟆，有一個故事是這樣流傳的：一隻狼瘋狂地愛上一隻癩蛤蟆，他總祈求月亮賜予光明，好讓他在幸福的月光下對癩蛤蟆展開攻勢。就當他幾乎要攫住這隻小動物時，癩蛤蟆用盡全力縱身跳到了月亮上，月影也就成了現在他們所看到月亮上的癩蛤蟆。

至於中國的古老傳說裡，也有關於月亮上的癩蛤蟆故事：西元前2346年，女神西王母贈與神射手后羿一顆長生不老藥，那相當於感謝皇帝為她建造宮殿的

報償；她千叮萬囑地吩咐后羿在爲期十二個月的淨身打坐完成前，萬萬不可服用。

后羿把藥藏在屋頂的椽子內，然後開始服藥前的儀式，但是混亂很快就發生了：他的妻子嫦娥發現天花板傳來的甜香，以及長生不老藥所發散的銀白亮光，於是她很快找到了藥，然後一口吃了下去。

她隨即衝出窗戶外，向天空飄去。后羿早上發現了，暴跳如雷，拿著弓箭拼命追逐月亮。嫦娥飄到了月亮上，身體縮成癩蛤蟆般大小，在月亮上定居了下來。

就算是今日，在巴伐利亞、匈牙利、摩拉維亞（Moravia，捷克和斯洛伐克中部一地區）和南斯拉夫前身的教堂裡，還是有供人們祈求用的銀製或木製的癩蛤蟆。牠們代表

怪物
（Mooncalf）

1.對月亮鬼迷心竅的怪胎；
2.愚笨、智障的人。

了月亮生生不息的力量，以及古老生育女神的生殖繁衍能力。

昆蟲

凡是金龜子或是糞甲蟲之類的昆蟲，在古埃及都是神聖不可侵犯的。人們深信：雖然金龜子代表雄性太陽神卡披若（Khepera），只要將蜷縮的甲蟲球埋上二十八天或是完整的月盈週期，就可以從月亮得到神力。甲蟲和蜜蜂一樣：都有新月狀的翅膀。

根據非洲布許曼人，月亮是由一隻被遺棄的合掌螳螂造成的。在中非，月亮和蜘蛛的關係密切，一個安哥拉神話是這樣說的：月亮公主降臨人世和人間的王子成親，她的交通工具就是月亮蜘蛛編織的銀色網子。

蝴蝶和蛾象徵月相變化，自毛毛蟲蛻變成蝴蝶更有重生意象。飛蛾驅光飛繞，是古老靈魂追求永恆的宇宙光。

蝴蝶創造了花，

花創造了瀑布，

瀑布創造了彩虹，

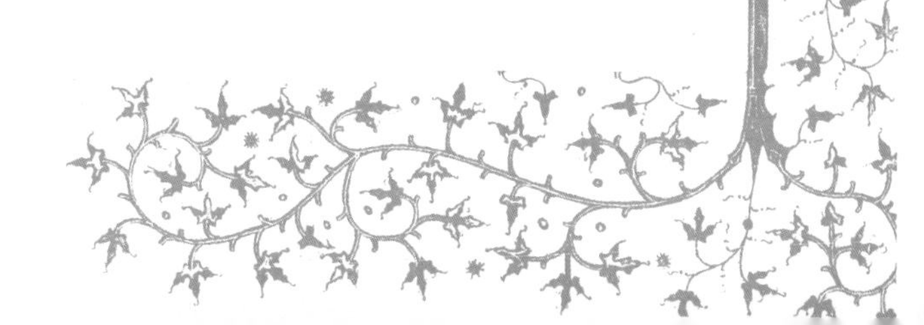

彩虹創造了夕陽，

夕陽創造了月光，

月光創造了蝴蝶。

——凱莉・卡瑞絲（*Kellie Kress*）

五年級，二十世紀美國人

兔

野兔因爲旺盛的生育繁殖能力，和月亮的不滅週期畫上等號。在所有和月亮有關聯的動物裡，兔子是最被廣泛認可的：從西藏、非洲、墨西哥和整個東方。印度的月神被大衆熟知是可以變換成蘇瑪（Soma）、印多斯（Indus）和錢德拉斯（Chandras）的神祇。

錢德拉斯是最常帶著兔子現身的一位。有一種說法是兔子和月亮一起朝東旅行，跨越印度、中國和日本，猶如佛教東進傳播遠揚。

在中國的民間傳說中，月亮上的兔子坐在月桂樹下，不斷用杵臼搗著長生不死藥。而中國的月亮女神嫦娥吞下那錠長生不老之葯，她直升到月亮上並縮小成一隻蟾蜍。在中國傳統藝術中，一般都是以一彎銀月加上兔子和蟾蜍做爲代表意象。

日本也把月亮上的兔子想像視覺化：帶著碾槌不斷地把米搗碎成粉。而日文中的月亮：mochi-zuke，和把米搗碎成粉作成的糕點是同一個字。

非洲南部的霍屯督族中（Hottentots）流傳著一個故事：月亮用棍子狠狠地揍了一隻頑皮的兔子，讓她變兔唇了。美國加州的原住民統稱月亮爲偉大的兔子。凱撒曾敘述過，在布立呑人（Britons，古代不列顛南部凱爾特人的一支）的文化中，認爲吃兔子犯了宗教上的禁忌，因爲兔子和月亮的關係是如此地親密。

近年的七〇年代，史瓦必安人仍然禁止孩子在牆上玩比手影時比出兔子的形狀，他們認爲那樣是對月亮大不敬。而現在的人們還是習慣把兔腳收在口袋、皮夾、背包或手套的隔層裡，或是掛在後門鏡子前當作吊飾用，這

是完全不自覺的行爲是否是月亮的魔力使然呢？

哥倫比亞墨西哥人的前身所繪製的月亮圖畫，大部分都是一彎明月形狀的扁舟，而輪廓中帶著一隻清晰可辨的兔子。古老墨西哥的茲庫堪（Tezcucan）族人說：月亮的亮度曾一度和太陽是不相上下的，但天上的神祇對這樣的平等不甚歡喜，於是其中一個神把兔子丟到月亮臉上，讓兔子造成月亮的陰影，減低了它的亮度。在墨西哥的民間傳說中，月亮上有兔子還是非常普遍的想像。

蛇，毒蛇

蛇褪皮，就像月亮脱出陰影。

毒蛇換皮以求新生，

如同月亮散發光亮再次圓滿。

他們都是相同的象徵。

——約瑟夫・坎貝爾（*Joseph Campbell*）

二十世紀美國人

Part 2

月亮週期

月亮對我們的影響

月球引力可在人體內產生潮汐，

這種生物潮汐有可能破壞人的心理平衡，

使人煩躁，和月相的脈動是一致的。

月相

完整的月亮週期

月亮的奧妙和難以捉摸的地方，在於她規則地變化形狀、尺寸大小和所在位置。在黑暗的夜空中規律地現身，依日期變化各種樣貌。月亮的光輝照亮夜空為，夜色增添光彩，之後就開始變得暗淡朦朧，直到徹底消失。

月亮感覺像是逐漸睜開它那圓大、綻放銀光的眼睛，眨了眨後又閉上眼一樣。一而再、再而三的重覆，每個月都要上演一次這樣的戲碼。它一下出現，然後又不見了，一次持續個幾天，它的消失像是完全的人間蒸發，你看不到它的蹤跡，也無法預知它是否會重現。月亮的陰晴圓缺宛如固定的公式一樣，出現後再慢慢變圓，再慢慢變小，然後就看不到了。

你臉色蒼白是因為
倦於高居天空 注視地面
孤零零地流浪在

身世各異的群星之間

而且不停的變化 像隻鬱鬱寡歡的眼

找不到什麼景物值得長久留戀

——給月亮（*To the Moon*）

波西・拜許・雪萊（*Percy Bysshe Shelley*）

十九世紀英國人

月亮似乎與女人的關係特別密不可分，而這也被認爲是它的任務之一。月相週期和女性荷爾蒙分泌有密切關係。不可否認的是，女性的生物潮汐理論（美國醫生阿諾德・利・韋伯所提出，他指出月球引力可在人體內產生潮汐，這種生物潮汐有可能破壞人的心理平衡，使人煩躁）和月相的脈動是一致的。有趣的是，有月經的雌性動物不多，只有靈長目動物、蝙蝠、象和人類等等。

這齣不斷上演重生過程的戲碼，就這麼跟著月

亮循環不絕地在天幕播放。發亮再變暗、再重新發亮；蛋成長爲血肉之軀、再生下蛋；生命誕生再凋零、再重生延續。猶如對生命源源不絕的承諾，以及生命成熟圓滿的象徵。

半圓月展露哀怨的可愛臉孔，
隨時準備盈虧變幻，
展現殘缺不全的蒼白慾念，
或轉向快樂或痛苦，
當我們望著她，
該是全然的擁有，或是全然的失去，
我們只知道一半的苦澀，我們只知道一半的甜蜜，
這世界總處於其一。
何時才能完整地環繞完全的不完整，
給我們全部喜樂和全部的傷痛？
當我們這樣問 生命腳步卻不曾停下，
持續在完成那不完整的擁有或失去。

——克莉絲汀・羅賽蒂（*Christina Rosetti*）
十九世紀英國人

月相
初月漸盈

夜空又恢復生氣了忠貞的月，

永遠的第一星球閃亮而美麗，

帶著我們習慣的那頂耀眼

照亮夜空的銀色皇冠。

——恰拉・康塔妮・馬塔拉尼（*Chiara Cantarini Matraini*）
十九世紀義大利人

一撇極細的眉形新月，重現在西邊地平線，象徵著新生命的復甦。月亮再起的這段期間，充滿著樂觀與希望的氣氛。新月的高掛天空，就像開創新紀元，訂好一定的速度、節奏，準備一個月的開始。初生的眉月代表的是勇氣、創造力和決心，重新開始且重新出發。

眉月的拉丁文Crescere意謂生長，這和拉丁文Creare，意謂創造、製作相關。

眉月
（Lunate）

指彎刀般的明月，即三日新月。

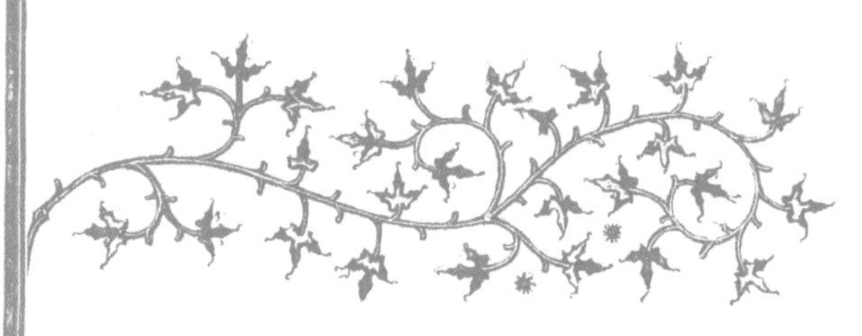

黛安娜正是羅馬人和古代凱爾特人眉月的女神；以她之名，高盧的女人會在月亮消失三天重現之際，烘烤新月形的聖餐來歡迎月亮的重生。這和法國的可頌牛角麵包在現在廣受歡迎是一樣的道理。

當非洲黃金海岸的人看到新月出現，他們會朝月亮撒煤灰，一邊念著：「我先看到你！」他們深信，在新月時期作了什麼，你會一整個月都重複一樣的事。而非督族（Fetu）的男人會在空中跳躍三次，並以歡欣鼓舞的韻律拍手慶賀，表達對月神的讚美和感謝。。

在一個月的初始見到新生的月亮，對整個中亞和遠東的人民而言，一樣是充滿著喜悅和慶祝氛圍的。猶太人的傳統，新月慶祝月亮重生七天之後才能進行，或是等到初七上弦月之後，才能對月亮詠唱詩歌。祈求者要在神聖的祭月儀式開始前，屏氣凝神地注視月亮，儀式開始後，就不要再盯著月亮看。

銀白的月，
像是淑女，
高掛夜空。

——夜行者（*Walk in the night*）
凱倫・依瑟沙特（*Karen Ethelsdatter*）
二十世紀美國人

西伯利亞的阿爾泰山人，有慶賀新月出現、並向月亮祈求喜悅與好運的習俗。

南非遊牧民族布希曼人會向新月祈求雨水、和狩獵豐收，採集水果時滿載而歸，若是沒有月神的保護及祝禱，這些是無法如願的。非

洲吉力馬札羅山下的恰卡部族，和喀麥隆的肯杜族一樣，向新月祈禱新生和健康。凱德西頓（Kalderash）的吉普賽人會詠唱下面的歌謠，以歡迎新月到來：

新月光臨了，
願她帶來好運道，
她知道我們很窮，
她該給我們留下財富，
身體健康，還有更多。

月虹
（Moonbow）

月光折射在水滴上，形成比彩虹要稀疏的七彩影像。

月相
（Old man in new moon's arms）

新月外圍罩了一層圓月微弱的光暈。

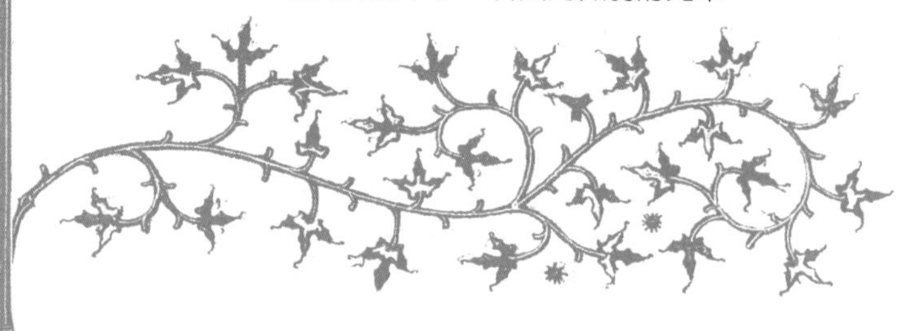

月相

圓月正滿

當月亮變圓，就像宇宙聖靈的永恆光明。

——布萊克・埃可（*Black Elk*）

十九世紀北美蘇族

當滿月之際，潮汐大漲，像是以狂風巨浪來歡慶滿月的這一刻。牡蠣張大了殼，以某天將滑進老饕腸胃之姿，吞吐潮水。狼群嗥叫，豎直耳朵，目光瞄準著在視線所及的獵物。頭狂喜地向後仰，像是精神恍惚地進入忘我境界。牠們像馴良的狗群，乖巧地坐得直挺，開心地對飽滿的月亮唱著讚美的歌曲。

海底生物，如加州的叫嗓魚和帕洛洛管腔軟蟲（Palolo）等，居住在珊瑚礁邊管狀的巢穴裡，不管現在看不看得到滿月，都奮力地趁此刻拼命地將卵產出，使之飄浮於海面。這和其他受月亮影響的海洋生物相同：牠們產卵以呼應滿月期來臨

月橋
（Moonbridge）

中國園林裡的半圓拱橋，當這橋影倒映在池塘水面上，
就像組成一個圓月一樣。

的生理節奏，即使是住在離海岸千百哩遠的水族館也一樣。

人類體內也會因爲月亮引力，發生水份增加和電解質失衡的現象，特別是在滿月期間，最容易觸動生物高潮。而生物的繁衍過程，會受到天文現象的控制，乃是不爭的事實。

許多聖潔的夜晚，
銀白圓月，
我們站立驚嘆。
午睡的特別長。

——松長，十七世紀日本人

滿月期間通常被解釋爲一個月內最高潮的時段，比方夢想應驗的時候、期待開花結果的時候、對新月許下諾言而兌現的時候。穆罕默德曾高聲疾呼：「你們應當忠實而篤定地看待你們的眞神，如同你們觀看夜晚的滿月般，對祂的語言見識沒有懷疑。」

非洲薩伊的年輕人在滿月期間，通常會是通霄達旦的奏樂，並且在月光之下跳舞。

希伯來文的sabbath是自巴比倫文的sabattu演變而來，表示滿月之意。基督教的復活節，通常在春分後的第一個滿月後的第一個週日，而猶太人的逾越節是在最接近滿月的日子。在舊時威卡教（Wiccan）的女巫執事者，也是在滿月時召集女巫們一起聚會，她們要趁此刻召喚月亮，希望藉由它神奇無上的精力，創造正面的法術。

月亮正完全地露出圓滿的臉，

而女人們則在祭壇前圍成了圈。

——里斯柏的女詩人莎浮（*Sappho*）

西元前七世紀希臘。

希臘的女人習慣在滿月時，烘烤蛋糕獻給月亮女神愛緹蜜斯，以慶祝她一月一次的生日，這樣的滿月祭品被認爲是生日蛋糕的起源！

而東方的女人一樣在滿月（一年中月亮最圓的時候就是中秋節）時製作月餅來享用，這種圓形甜膩的麵製點心現在仍是秋天的滿月節日——中秋節時中國人必嚐的美味食物。這是個重要的家庭團聚節日，整個亞洲都會進行慶祝，現在則變成以烤肉賞月的型式進行。

雲不時飄過來，
讓人們稍有餘力喘息一下，
可以抬頭注視月亮。

——松尾芭蕉
十七世紀日本俳句詩人

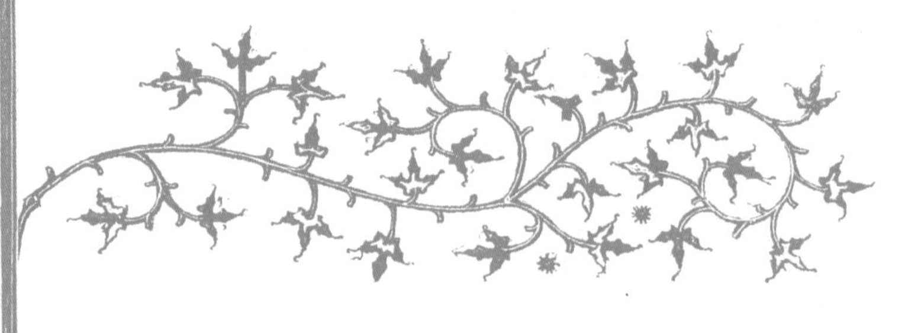

月相

月輪轉虧

弦月剛看還是銀色的，然後比十四天多一丁點的時間開始擴張。從右到左開始膨脹，如充氣般吹的飽滿。一旦達到最圓潤飽和的狀態，圓圓的月亮就開始交換週期盈虧的方向。這次月亮是從左邊開始縮水，每天以微妙地慢慢縮減形狀，歷經十四天後完全消失。

造成這樣奇妙的盈虧現象，有非常多的解釋。在澳大利亞交會灣（Encounter Bay）的原住民曾反應，月亮多變不一的月相，會讓她體重忽高忽低。

克拉馬斯人（Klamath）認爲，月齡的變化，如面積縮小，是月亮碎裂成片的關係。

而北美的另外一支印地安民族達科他人（Dakotas），對於月亮盈虧的想像，是老鼠把月亮一塊塊吃掉了，當月亮被吃得一乾二淨時，新月會以不死的姿態再生。南歐的巴爾幹半島則流傳著那隻拼命吞沒月亮的動物變成了狼，這樣的故事形式傳

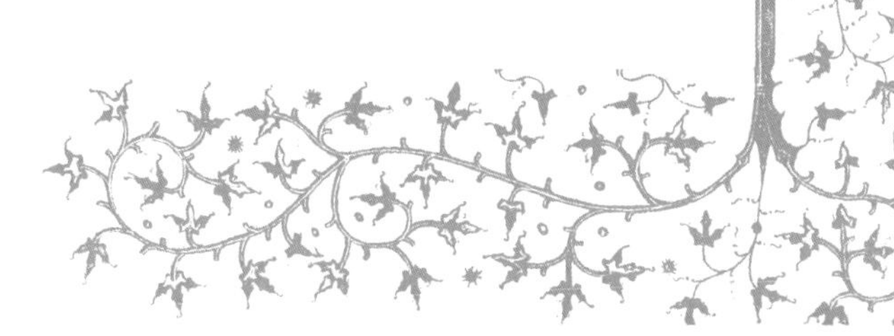

遍整個美洲，隨著每個地區的種族特性，變化動物的角色。

在古埃及，轉盈爲虧的眉月一般深信只有被敵人摧毀的神祇歐斯芮思（Osiris）才看得到。早期的猶太閃族人認爲，月亮是被七個惡魔所包圍，他們會將月亮的光輝減弱，一直到光輝熄滅。新南威爾斯的溫尼寶（Wongibon）族人覺得，殘月就像是個跛腳的瘸老人彎著身子的模樣。

經歷過新月的期待盼望，滿月由盈轉虧的成長和發展，讓殘月的存在代表著悲傷、渴望和失落的情緒，也提醒我們歲月

月柱
（Moon Pillar）

極罕見的月亮光暈，像是月亮週圍的光箭，
一般只在月亮落在地平線才可以看到。
船尾柱或月耙（Moonraker）
1. 船首或船尾的突出部分。
2.笨蛋，英格蘭威爾特郡居民有一個傳說當地有兩個
人看到月亮倒映在水面，
以為是乳酪做成的而想用耙子去挖取。

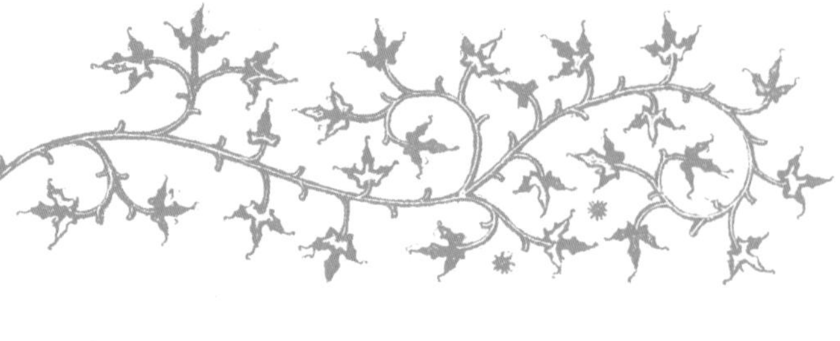

的流失和青春的早逝。或許這可以解釋，爲什麼全世界慶祝殘月的慶典得可憐。

殘缺漸漸消失
月亮就這麼隱沒了—
夜晚是如此冷清。

——無名氏
日本

然而殘月的過程並非一無是處，在月亮逐步減退、進而消失的時間裡，其實有嚴肅和值得珍惜的地方。月相轉虧，並非全然凋謝，這過程類似蒸餾，也有採集並醃漬食物，加以調味等意義存在。那乾癟枯萎的殘月，就是曾經多汁豐美的水果在陽光下曝曬，再製成果乾之際的加味糖蜜。

新月就像是喬木，滿月就像是葡萄，而殘月自然是預備在月晦時釀造的醇酒了。月亮雖然變小，但過程需要成熟的智慧去體會。如同人生的豐收期過去，但是該如何儲備成果實，並轉換成對未來的能量，沒有足夠的經驗、洞察力和知識累積是不行的。

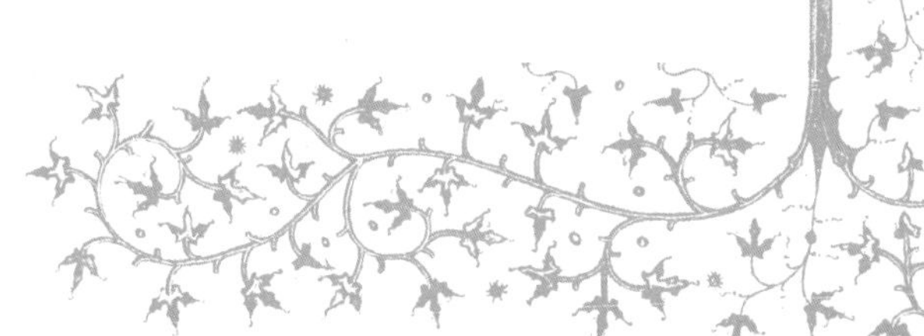

噢！月亮小姐妳的角指向東方，
閃耀並且脹大：
噢！月亮小姐妳的角指向西方，
縮減並且趨向休息

——克莉絲汀・羅賽蒂（*Christina Rosetti*）
十九世紀英國人

月晦與新月

月亮你啊！是在天上
做了什麼錯事，
上帝要把你的臉遮住呢？

——約翰・英格樓（*Jean Ingelow*）
十九世紀英國人

如果月亮的不同樣貌會激起我們心中的感觸和情緒波動，那麼它的缺席則將引起我們某些預感和悲哀。蘇美人稱月亮消失的日子爲「捨棄日」（the days of lying down），東印度人稱

小月形
(Lunette)

法文：小月亮的意思。
用來形容有月亮形狀的物體，現在多指眼鏡。

這段期間爲「內省日」。

在波里尼西亞，若月亮消失在天空，人們會以爲那是天上的銀盤（月亮）已經回家午睡了，土著們也認爲月亮女神參加太多宴會活動，需要回家調養生息。有的文化認爲月亮在消失的這幾天呈垂死狀態，也有的把月晦的幾個夜晚想成是光禿禿的眞實夜（the naked time）。

但是，不同地方的文化皆一致認爲：月亮消失期間充滿不安定，我們必須處事更爲謹愼小心。對於迦南人、印度人、猶太人和摩洛哥人來說，月晦這個天象和許多兇兆和殘暴行爲，是畫上等號的。巴比倫人則把這個負面意象，以一整套的宗教

贖罪儀式來化解。

歐洲有個傳說，月晦期被殺死的兔子，牠的兔腳可以帶來好運、保護力量以及撫慰人心的月亮魔力，其中，無月的夜晚念力最強，若眼睛有殘疾的人，在此時將兔子殺死，這隻兔子的左後腳，將有無上的神奇魔力。

露臉，露臉，露臉啊！
月亮已經被殺害了
是誰殺了月亮？烏鴉，
誰不斷地將重生的月亮殺死？老鷹，
通常是誰下的手？公雞，
誰順手殺了月亮？貓頭鷹，
這群動物啊，牠們和殺月的事情有關。

露臉啊，把棍子丟到你家，
露臉啊，把籃子翻過來吧。
不要死得不明不白，
只有在富豪即將被謀殺之際，

月亮才會被殺，

看看整個世界，跳舞吧！

丟掉棍子，幫幫忙，看著月亮，

雖說現在天際是全然的黑暗，就算月亮消失了幾天，

它還是會回來，什麼都別想，

我要進房去了，該回來的就是會回來。

——月蝕驅邪

無名氏

倘若一個月中，月亮消失的幾天會帶給人們深刻重大的影響，那麼試想當月圓之際月蝕發生時，人們會有多恐慌：如果月亮這一去不復返怎麼辦？這天上的月究竟是躲到哪兒去了？

月亮一向不會隱退太久的，它總是無可避免地被地球堅決的引力給拉回來。月亮本永恆的重生與復活，規律的公式，連人類都能掌握。

當月亮被懷疑死去的黑暗期，其實也埋下重現的種籽。因爲月晦代表的是最終也是最始，生命老去的凋零與重生的初始。

月時
銀白月光的魔力

不同於天天從東方升起的太陽，月亮的蹤影總是來來去去。比起太陽，月亮少了點穩定感，多了點飄忽不定，令人難以捉摸。對於居住在穩定溫帶氣候的人們而言，和太陽分離最長的時間，大約就是晝短夜長的冬季了。不過無論太陽重複消失的次數有多少、無論天氣如何的淒冷蕭瑟，只要天空發白就代表太陽又再度露臉了！每個清晨我們都能與陽光接觸，所以總是認爲，太陽天天都會有秩序地從東方升起。

古怪的是，老祖宗似乎並不把陽光和光的來源做首要聯想：比方聖經的創世紀提到的「日光」，就比起陽光和月光都早被創造，許多種族的人民，更因爲珍貴的月光而崇拜月亮，他們的認知是：月光能照亮夜晚的黑暗大地，而陽光只是在白天出現，照耀原本已經夠亮的白晝。哥倫比亞的達聖安（Desana）人讚許月亮是夜間太陽，會製造能夠促進繁衍生物的光芒和露水。

不似太陽猛烈，

你的閃爍給了人們靈感，

不過在滿月的燃燒後，

你卻奄奄一息，

好似在天際那頭，

遠遠的虛弱萎靡地吟詠著詩，

噢！

但是溫暖的月光還是讓人難以抗拒！

——安奈特·依麗莎白（*Annette Elizabeth*）

十八世紀德國人

若將月光對照起陽光，月光少了幾分猛烈。蒲魯塔克解釋道：「月亮的意義近似理性與智慧；而太陽則顯得暴力和衝動。」我們可以放心地賞月，甚至耐著性子盯上幾小時，也不會像直視太陽一樣，將受到眼睛上的傷害。

所以毫無疑問，我們只能以間接的方式看太陽，而賞月卻是非常普遍的休閒活動。能夠察覺到月亮會影響人類的知覺感

受，其實是件有趣的事。月亮由上而下地照亮了整個大地，我們的夜間視線因爲月光變得廣闊了。

帶著銀弓的女王啊，
因為妳蒼白的微光，
純粹而沉靜，
我欣然迷路。
望著你在小河顫動的倒影，
以及橫越蹤跡的浮動雲彩，
注視你那溫和安詳的光，
我的心靈柔軟而沉靜，
我不禁遙想，你真是夜間絕美的星球，

你在運行的軌道上也許曾經渴望休息，
也許因為承受著地球的一切而想過離開，
哀慟的孩子又哭又叫，
人們卻藉著死去 到達天際，
直達你的星球，

在你處所。

他們的悲傷將通通被遺忘，

噢！或許，我很快就要感受到那樣嚴厲的世界，

在這個庸碌的凡間，

可悲而疲乏的人們將繼續朝聖著月亮。

——夏綠蒂・史密斯（*Charlotte Smith*）

十八世紀英國人

長久以來，銀色一直被認定是屬於月亮的顏色，銀也是人類最早被當做貨幣工具而流通的金屬。眞正品質純正的銀，帶著白淨的光澤，就像天邊的那一輪明月。印度人的月亮神：錢德拉斯（Chandras）也常被稱呼爲白之神或銀之神。

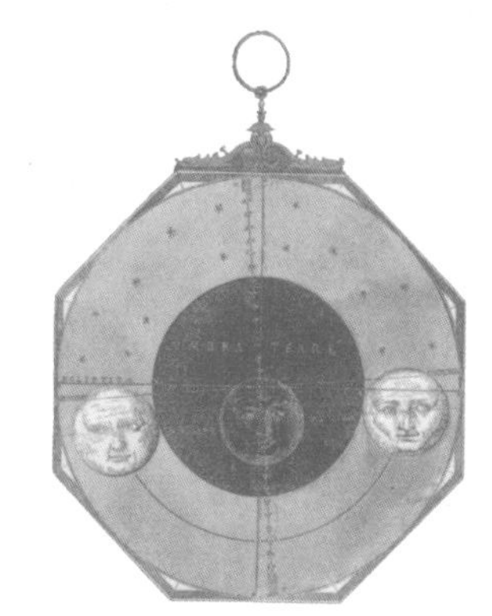

這些古老流傳的名詞，依然存在於現代科學的術語中：比方化學元素表中，把銀熔融的硝酸鹽，稱爲硝酸銀（lunar caustic）。

冷冽清澈的月光將大地籠罩了

一層水晶般透明的光芒，照出所有事物的眞相。銀光也是人類靈性光輝的象徵，因此這代表月亮的金屬——銀器，也時常被應用作爲祭祀的法器。南美的印加人把銀器用作進行敬月的儀式，而黃金製成的器具就是用來祭拜太陽神的。在希臘艾斯菲西斯（Esphesis）地區，月神雅典娜的神龕和聖殿，就是用銀建造的。

銀白的月光
不含多餘的裝飾，
在意境中
在內心裡
在外表上
都是一致冷靜的。

——佛經

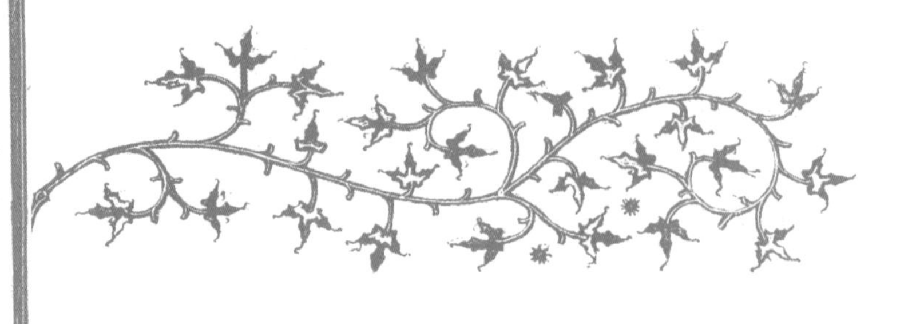

《聖經之創世紀》篇章中提到，約瑟夫的聖餐杯就是銀製的。以銀製的物品爲主角，在所有神話故事中皆是一致的：聖餐杯代表內盛來自月亮的「光明之水」。伊斯蘭教蘇非派的哲學家伊班・阿法依德（Ibn al-F?rid）說道：「我們的聖餐杯是圓月製成的，裝有太陽酒。」穆罕默德下過命令，所有宗教護身符必須是銀製，因爲這象徵著它是和月亮相似的金屬。

山丘沐浴在銀光下！

海面熾烈燃燒銀光！

凡月亮神聖運作之處

滿滿銀暉灑落！

我輕披著銀白色薄紗

踏著神奇曼妙的步伐！

——洗滌銀光（*Wash in Silver*）

詹姆士・史蒂芬斯（*James Stephens*）

十九世紀美國人

月時

月亮與我

月亮對每個人的意義不盡相同。

——法蘭克・波曼（*Frank Borman*）

阿波羅八號（*Apollo VIII*）太空人

1968年12月24日。

長久以來，人們習慣繼承先人想法，認爲月亮和我們關係匪淺；而月亮對照著太陽，像是一面鏡子般映出人類微小的存在。當我們凝視著月亮，我們的模樣也透過太空反射回來；像自戀的水仙納西瑟斯（Narcissus），其實我們也沉醉在這樣的過程。我們透過百變不定的月相，來確定自己的情緒和感覺。

若不是月亮的圓缺盈虧提醒，

我們對身旁事物的來去還恍然不知。

——布萊克・埃克（*Black Elk*）

十九世紀北美蘇族人。

月亮對我們有深切的影響，我們觀察每月定期的月相變化，轉換成可以應用的經驗。天體形態的週期轉變，豐富人類的想像，促使我們利用月亮的週期，爲生活做出因應的改變。看看月相的變化過程，我們也可以作一張屬於自己的表格。

人類常以特別的方式和月亮建立關係。當發現月亮在夜晚總是跟著自己的腳步前進時，哪個孩子不是感到一陣驚愕呢？

我看到月亮，正如同月亮也看到我了；
主請保佑月亮，也要保佑我喔。

——傳統的童謠

我在那兒，瞪著藍色水晶般的月亮。
冰涼的夜風將我吹過城市。
在我知道，我正在海上走之前，
我感到自己如同羽毛般輕盈，
但我還在那兒。
瞪著藍色水晶般的月亮。
冰涼的夜風將我吹過海洋。
在我知道我正在天際飄盪之前，

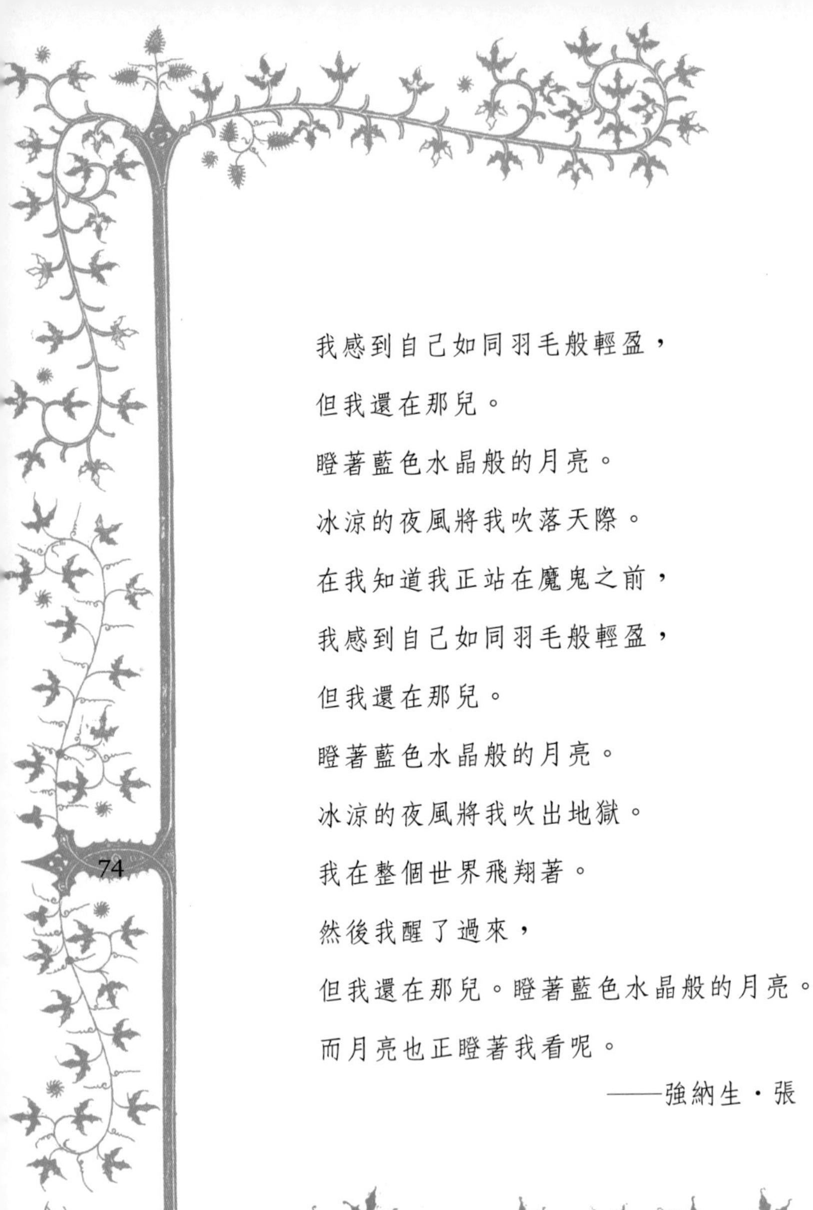

我感到自己如同羽毛般輕盈，

但我還在那兒。

瞪著藍色水晶般的月亮。

冰涼的夜風將我吹落天際。

在我知道我正站在魔鬼之前，

我感到自己如同羽毛般輕盈，

但我還在那兒。

瞪著藍色水晶般的月亮。

冰涼的夜風將我吹出地獄。

我在整個世界飛翔著。

然後我醒了過來，

但我還在那兒。瞪著藍色水晶般的月亮。

而月亮也正瞪著我看呢。

——強納生・張（*Jonathan Chang*）

小學五年級

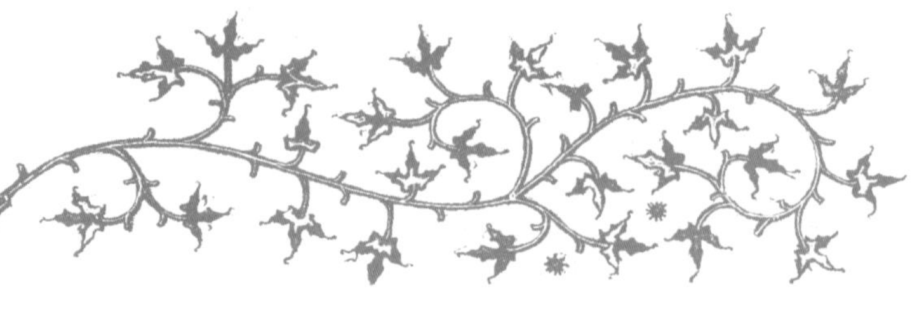

我們常常以極端情緒化的角度，來剖析月亮，想讓月亮反映我們個人的狀態，幾乎每個人都能單獨在心裡聆聽月亮，用它的語言說著只有我們自己才能懂得的話。當月亮呼喚著我們，我們以深藏在內心的自我——對天空的月亮做了回應。

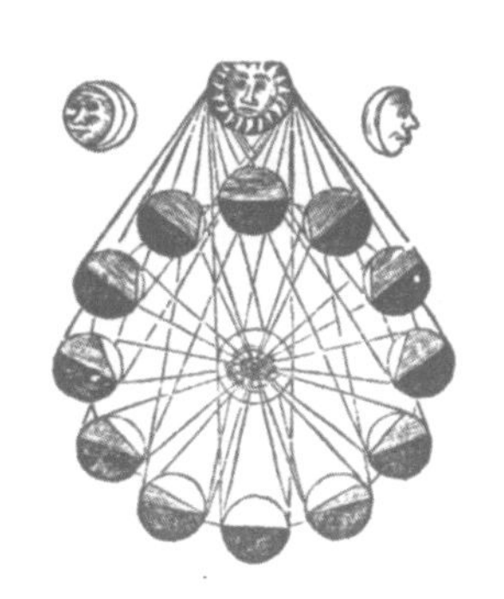

我睡不著
因為滿月的光輝。
我想我聽到四處
有呼喚聲。
我無助地答應，
對著虛無的空氣。

——竹葉女
西元三世紀
中國

雖說月亮和地球的實際距離是二千五百萬哩，但它對我們

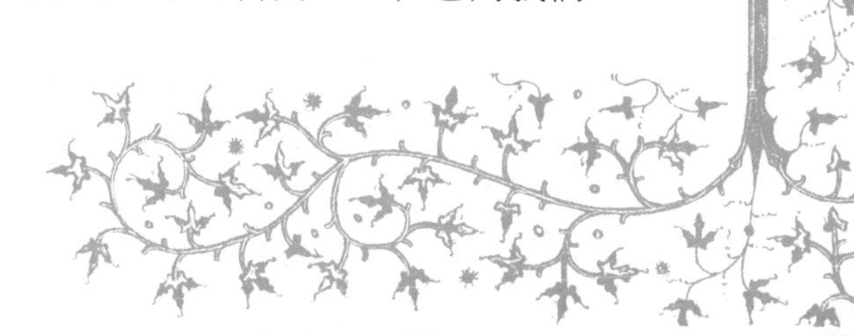

的影響甚鉅。光是萬有引力，比起太陽，就強了百分之四十六；而在最強的兩天——月圓和月虧，我們會感覺到心情好像受到壓迫般緊張，就如同潮水受引力影響，我們的情緒也被牽動。

這飄忽不定的星球，
掌管潮水流動的女神。
支配著萬物生長，
害得我的女人善變、難以捉摸，
我常想探索她，
卻連她在哪裡都不知。

——無名氏
十六世紀英國人

就如同希臘的自然歷史學家普林尼（Gaius Plinius Secundus）注意到的：「藉著強大的引力，月亮讓海水跟著它在後頭。」此言不假，我們也都被那令人倉惶的引力給吸住了，我們都對這樣的週期非常熟悉，習慣性地套用在我們心情的波瀾起伏裡。

月暈
（Moondog）

也稱為摹擬月（Mock Moon），
月光和濕氣在大氣中反射出一圈蒼白的月暈，
遠看像是第二個月亮。

來函：

當有悲傷的想法時，

就算月亮的臉

刺繡在我的衣袖上

我也不禁被淚水沾溼。

——伊勢女，十世紀日本人

月亮從最飽滿圓潤的那天起，就在眾目睽睽之下開始縮減，這樣的變化多少牽動了人們傷感的情緒。月亮每天以微小的尺寸消失，像散發誘惑力的熟透果實被一小片一小片地切

下。它穩穩當當地變化外觀，最後令人沮喪的藏匿消失；但消失之後，卻又以相反的增長方向現身，帶來月亮即將日漸盈滿的盼望。

我們把月亮當作自己的私人朋友、告解者、參考書或伴侶，開放地將個人的秘密和它分享，並且歡迎那柔和的光線可以照亮、撫慰我們的內心。

從月亮固定變化的週期裡，我們找到了安全感，它告訴我們：風水輪流轉，世事多變化，月亮的週期將陪伴我們渡過每次的心靈低潮。

月盲
（Moonblind，Moonblink）

在熱帶地區或回歸線的月光下睡眠，
會造成短暫的視線喪失現象；
現在的醫學科技已經可以解釋這樣的現象是缺乏維他命A。

黑漆漆的一片
我走在黑暗的路上，
月亮，對著我照耀
從山麓的邊緣。

——泉 志岐，十世紀日本人。

月光可以引人愁思，
傳遞不安的心情
並引來繆思女神
勸慰那受傷的心靈。

——海倫・瑪麗亞・威廉斯
（*Helen Maria Williams*）
十九世紀英國人。

一直到現在，日本人遭遇情緒低潮時，還是習慣在月夜裡出去走走。他們對月祭拜的方式是，向天合掌三次，冥想禱告直到心情平靜。而當心靈的困擾獲得紓解時，不忘再度向天合掌三次，表達感謝和崇敬。

月時

失序的月

月亮的神秘力量是古老且眾所周知的，從語言的發展可見一般：月亮（moon）和心智（mind）以及精神力量（spiritual power）這些字眼，在語源學上都和印歐人的祖先有所關聯。梵語的manas，還有拉丁文的mens，由這些字根可以延伸出以下英文字：menstruation、mania（癲狂）及numinous（超自然的神力）。

露娜（Luna）和瑪娜（Mana）是兩個羅馬月亮女神的名字，她們的崇拜者稱爲lunatics和maniacs，這兩個名字被教會認爲是非常不當的字眼，代表發癲、瘋狂或愚蠢（silly），這個字眼在正式的運用上，代表著遭殃（blessed）。

老婆們，我想泥（你）們都速（是）驢和磨稻機，
沒有丈夫，泥（你）們根本不會發癲滴（的）。
——十九世紀英國諷刺短詩

基督教會完全禁止傳統的祭月儀式，任何和月亮相關的事物，都被認定是錯誤和罪惡的：這對人們有不利的影響，特別是女人本身經期就和月亮的週期相關。聖奧古斯汀（Saint Augustine）曾譴責那些跳舞的女人：「在新月之下整天舞蹈，眞是污穢又敗德的」，在《舊約聖經以賽亞3:18》說過，就算是他們的希伯來姐妹，也會因爲帶著月亮的護身符而被藐視嘲笑。

控制你那些瘋狂念頭，

我的姐妹，不過

別全兜一起。

謹慎地走，

不忘望著月亮以保平安。

如果你喪失判斷力，

我的姐妹，將你的狂想裝進一個袋子，然後就逃之夭夭吧！

——「戰略建議」（*Tactical Advice*）

芭芭拉・史戴瑞特（*Barbara Starrett*）

二十世紀美國人

精神病院
（Loony bin）

給精神病患療養的處所，
這字源於月亮Luna。

月亮效應
（Lunacy）

受月相強度影響，
斷斷續續不一定的精神錯亂狀態。

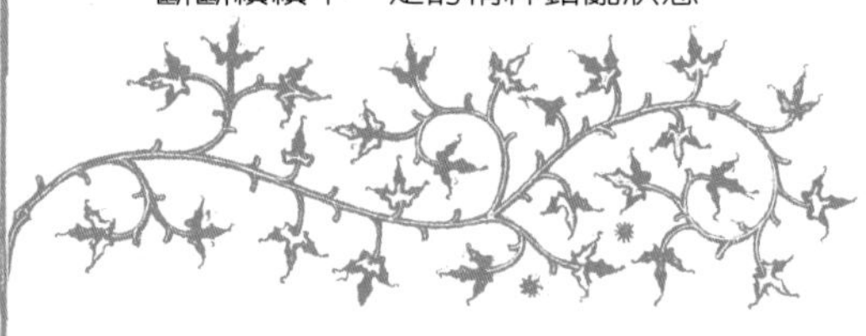

帕拉切爾修斯（Paracelsus）是中世紀著名的醫者，他認爲月亮像是縮小的微體宇宙，而滿月代表的就是激烈易變的心理狀態。他說：「月亮使人喪失道德和幽默感，並藉以讓人心狂亂。」

莎士比亞的名劇《奧塞羅》（Othello）也說：「都是月亮惹的禍，她不該這樣靠近地球，這樣讓人類的心智都爲之瘋狂。」由於這個原因，照著月光睡覺被認爲是件危險的事，特別是在滿月的時候。諷刺的是，在中亞卻有一種照著月光開處方的藥，他們相信映著月光的水，是治癒歇斯底里症的特效藥。

在1842年，大不列顛國會通過一個月亮條例，定義爲若在新月或月晦日裡，瘋狂喪失理智的人，可以減免罪刑。也就是說：「在滿月過後，若因爲腦筋不清楚作出蠢事的人，其罪刑可以從輕發落。」距離現代不久的的1940年，就有一個英國士兵被指控謀殺，他便利用這個特殊的月亮法令來自我辯護，他指稱自己在每月的滿月時都被月亮搞得暈頭轉向，有股無法自制的衝動。

任何消防隊員、警察、老師、吧檯服務生或在119執勤的緊急救難人員，都有許多人們因爲新月或滿月犯下異常行爲的例子。紐約警方心理服務單位的主任，哈維．索羅斯堡（Harvey Schlossberg）曾提及：「這的確很難用科學解釋，不過在滿月時，犯罪和攻擊行爲的確有增加的趨勢。」關於這些記錄，最有名的研究是精神病學者，亞諾．李柏博士（Dr. Arnold L. Lieber）和他的醫界代表研究夥伴——個心理學家卡洛琳．雪林（Carolyn

魔鬼
（Lucifer）

有聖經上有撒旦的意義，
古老神話中認為月亮是半個彎月，
還有死人靈魂歸屬處的負面形象，也有光亮的徽章的意思。

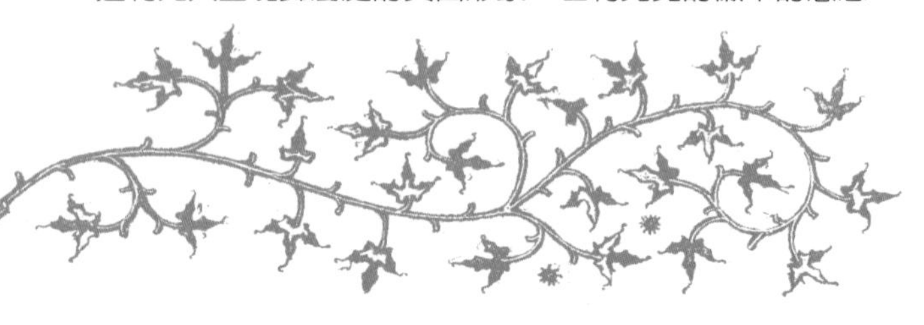

Sherin），她研究月相和謀殺案比率高低的關係。這份調查是在1956年到1970年間，於邁阿密達德郡（Dade），及1956年到1970年間在克里夫蘭庫亞荷加郡（Cuyahoga）的四千名殺人犯中所作的調查，在謀殺案件數和月圓週期間的這十幾年裡，有一個跟月亮有關的統計——

謀殺案的犯罪率在一個月裡有兩個高峰，分別是滿月和新月過後。紐約最著名的重刑殺人魔山姆之子（Son of Sam），就在1976年7月29日和1978年7月31日犯下八起殺人案件，其中五起犯罪發生在夜晚，月相不是新月就是月圓之夜。

凱撒大帝、耶穌基督、俄羅斯的亞歷山大二世、里昂·托

洛斯基、約旦的阿布杜胡笙國王、墨西哥總統法蘭西斯柯・曼得羅還有多明尼各的獨裁者拉斐爾莫林那，都是在月圓夜裡被暗殺，或是被處決的。馬賴大屠殺（The My Lai massacre）也是在月亮最圓的夜晚發生，而史上最慘痛的運動場，一起328人在足球場上因暴動被踩死的意外，也是在滿月的月光照射發生的。

自殺者似乎也遵循著這個公式。美國許多郡的驗屍報告指出，新月或滿月時自殺群衆特別多。同時期在1978年的伊朗德黑蘭，有超過一百多名年輕人想在月圓夜裡自殺，而且有不少人成功，結束自己的性命。同一年，新聞報導也說舊金山金門大橋有二十三個人想在滿月夜裡跳下橋自殺，有九個人成功了。人類的暴力行爲絕對和月亮的力量脫離不了關係。

我的眼如蓮花美麗，

我的手臂如竹般優雅

我的額頭誤解了月。

但現在……

——西元三世紀泰米爾人

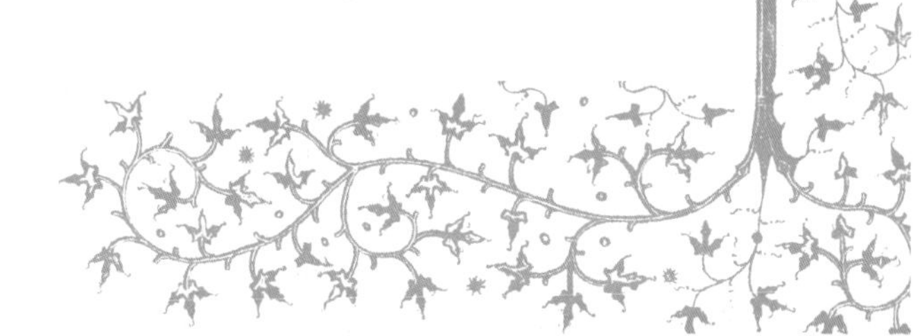

在因月亮導致的精神失常中，最著名的就是變狼妄想狂，即人類幻想在滿月時可以變身爲狼：長滿皮毛，伸出利爪，在月夜時四處晃蕩，對月嗥叫，集結成群，獵人吃肉，疲倦時還睡在墓地裡。著名的例子如《聖經》記載的巴比倫王尼布甲尼撒（Nebuchadnezzar），他曾經爲此妄想所苦，以致最後認爲自己眞的是匹狼。

儘管他聲稱自己純潔，
並在夜晚禱告，
當狼群嗥叫，他就化身為狼了，
圓月正閃爍皎潔月光。

——傳統英國民謠

在加拿大《精神病學期刊》記載著一個變狼妄想症患者的實際案例：病患深信自己是月光下的一匹狼，因此任由他的鬍鬚和毛髮蓄長，並且深信那是狼的皮毛。醫生追蹤他的對外攻擊行爲，發現幾乎都集中在滿月時期。醫生們對這個病患的行動，找不出任何合理的生理解釋。這樣的狼人文化在印度、中國、非洲，和其他美國原住民土著中，現在仍可見其蹤跡。

月時

月之繆思

我所深愛的月亮，決不消逝。

這天上的月啊，總是去了又來。

——奧瑪迦音（Omar Khayyam）

十一世紀波斯人，《魯拜集》作者

月亮與地球宛如一對情侶，它們之間有種無法分開的吸引力。它們因為宿命想分開，卻又不得不緊緊相連。因此他們彼此逗弄、互轉，在這宇宙天體中是深愛的一對，已經要好了多少億萬年。

你看看你！如此怪小，又那麼白，

月亮就該爬到山巔上去！

過了山頂再把船架好，

在晚上滑下來，

帶來夜晚，還有我們滿心的歡愉。

——寬女士，八世紀日本人。

月光朦朧曖昧，使浪漫的愛情變得熾熱，造就熱情的佳偶、秘密的盟約。月光點燃熱情，觸動渴盼，活化欲望。相愛的情侶分隔二地，在不同的地點觀賞月色，就沒有一起賞月時那麼美，或許這是就是月亮想使人圓滿的魔力。

來人啊！

誰來看看天空喔，

當月亮越過黎明，帶著一樣的驚喜，

你說是我的緣故，

你才盯著月亮看

那我來看看你的心意是真還是假。

——泉 志岐，十世紀日本人。

月亮在許多文化中，都被形容成是性愛的催化劑。在中國陰曆中註明月亮在不同日子分屬不同宮，意思是月亮女神每一天在不同宮殿，和不同的愛人共渡夜晚。

月亮來了，
偷走太陽的光輝，
在她大腿之間，
男人偷走了甘露，
在她大腿之間。

——印度恰蒂斯加爾邦（*Chhattisgarh*）的民謠

蜜月
（Honeymoon）

這是北歐的傳統，
新郎、新娘在婚後三十天必須天天飲用蜂蜜酒，
而蜂蜜象徵著蜜蜂對花授粉的生殖繁殖結果。

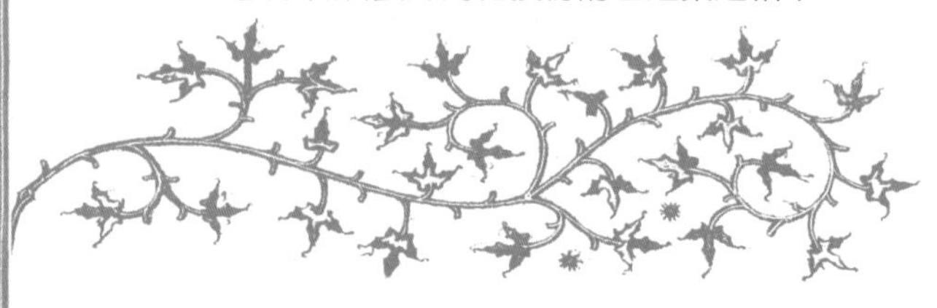

月亮與人相戀的故事，在不同的文化中，廣泛流傳著不同的版本。在巴布亞新幾內亞，就有個女孩嫁給使她成熟的月神。她每個月的經血正是夫妻關係的證明。在大洋洲的庫克群島也有月神愛上人間女孩的傳說，他不時下凡來找她，並且帶她私奔回月宮。我們還可以看到女孩在月球上，拿著火鉗不時地往火爐的餘火添柴。

牧羊人恩戴米恩，
當他看守羊群時，
月神瑟琳娜看到他 ，
就愛上他，尋找他，

從天而降，

來到拉蒂莫森林的草地上，

吻他 ，在他身邊躺下來，

他的命運得到天佑，

將會永遠熟睡，

不打滾不翻身，

牧羊人恩戴米恩。

——塞歐克瑞圖斯（*Theocritus*）

西元前三世紀希臘人

居住在美加邊境優美湖畔的印地安歐吉布哇族人（Ojibwa），曾說過這樣的故事：

從前從前有個女孩叫孤鳥，她是老鷹媽媽和黎明曙光的女兒。很多人都想要娶她爲妻，只是孤鳥不願意父母悲傷懊悔，而拒絕了每一個人。

有一天，當她在樺樹皮上刮取滿滿一吊桶的楓糖漿時，她坐在湖岸邊的石頭上，想著單身的生活和未來的打算。她忽然頓悟，沒有動物不是成雙成對的，要孤寂地終老一生的命運，讓她心情低落。她難過地坐了好一會兒。

當她自沉思中抬起頭來，滿月在遼闊的湖面撒下一片銀光：「啊！你眞是美極了，」孤鳥說：「我只要愛著你，就再也不覺得寂寞了。」才說著，月靈便將孤鳥引領到天上的月去。

她沒回家，急壞了的父親四處尋找，最後看到她高掛天空，在月亮的搖籃裡滿意地對他微笑。」

優雅美麗的月光之夜，容易使人神魂顚倒。就連幽靈鬼影也深受這光亮影響，喚醒更多幽靈。

許多不同文化中的月亮女神，其實身兼愛神、藝術與美之神，掌管人心感性的一面。所以月亮是愛人、藝術家和詩人等人的繆思女神，也是他們創作靈感來源。

月亮像朵花，

在天空的精舍隱居，

靜心潛行，

在夜晚坐著微笑。

——夜晚（*Night*）

威廉・布萊克（*William Blake*）

十八世紀英國人

靈魂 就像月亮，

新而且不斷更新，

我也見到海洋，

持續生成創造，

既然我洗滌自己心靈和肉體，

那麼我也是啊，

新的 每個時刻。

我的導師告訴我一件事，

要活出自己的靈魂。

——〈靈魂〉（*The soul*）

賴德（*Lal Ded*）

十四世紀喀什米爾人

我想成為月亮，

呼應你那充滿誘惑的身軀，

衝破預知的，擱淺的思緒，

我的手或高或低，穿越你的高潮

通過了飢渴，等待著被原諒。

黑暗又再昇起，月亮到位，
我的眼睛，忖度著你的圓潤，
欣喜若狂。

——滿月的夜晚（*On the Night of The Full Moon*）
奧德・羅得（*Audre Lorder*）
二十世紀美國人

月光照亮了村莊，
牧草睡在河邊，
現在你為什麼不來，
坐在我身旁，愛我一下
如同我愛你一樣。

——吉普賽人民謠

獨立望著古城牆，
想著那是什麼好看的東西，

我究竟看到什麼？我現在又聽到什麼？

月光，在空虛的庭院顫抖，

一個聲音在夜半呼喚，

一個名字，她的名字，回音在寂寥中迴盪。

光的腳，她的腳，綴著孔雀羽毛的鞋子，

在空無一人的大廳舞蹈。

她都不休息嗎？

想到已結束的歡愉和無止息的傷痛

我發現白袍上有著為她而落的晶亮淚珠。

——無名氏，十二世紀韓國人

夜梟與貓兒一起到海邊，

坐著美麗碧綠的船；

他們用一張五英鎊鈔票包著一些蜂蜜和許多錢，

夜梟看著頭頂的星光，

彈起小吉他唱歌：

「噢！可愛的貓啊！我的愛，

你是多麼美麗的一隻貓，

你是，你是，

多麼美麗的一隻貓！

他們一起吃了老鼠餐，柏樹皮切片，

用著含利刃的湯匙。

手牽手，在沙灘邊。

在月光下舞蹈，

月亮，月亮，他們在月光下舞蹈。

——夜梟與貓兒（*The Owl and the Pussycat*）

愛德華・李爾（*Edward Lear*）

十九世紀英國人

高智商協會
（Mensa）

傳說智商高於一般人的群衆，
是來自主管度量衡、曆法和統計學制度的羅馬月亮
女神曼莎所支使。

月術

依月亮週期生活

月亮的八種月相，可以象徵植物的生命循環：黯淡的新月是種子剛播種，眉月就像是種子發芽了，上弦月算是芽剛抽條，而盈凸月就是植物的葉子長出來了，接著是望月的花朵圓滿盛開，滿月結束的盈凸月是果實纍纍，下弦月是豐收採摘過後的殘餘，最後的殘月就像是自然風乾的果子、製成果醬或乾貨的調味品了。

被應用在植物體的生命週期，就如同人的生理進展一樣：受精，孕育，出生，成長，繁殖，進而成熟，肉體退化，最後是登上死亡的舞台。這一切正反映著月亮週期的輪迴，因爲這樣的現象，人們長久以來一直習於按照季節變換，隨著月相慶祝或紀念生命。月亮主宰我們人生幾個最重要的場合：誕生、繁衍和死亡。

月神在人們廣泛的認知中，主要是掌管家庭事務的神祇。此外也兼顧凡間生活紀律、勤奮態度，還有生計維護等凡塵俗

月牙
（Selenodont）

有新月形狀的臼齒。

新月
（Lune）

形狀像半個月亮，或是一彎新月。

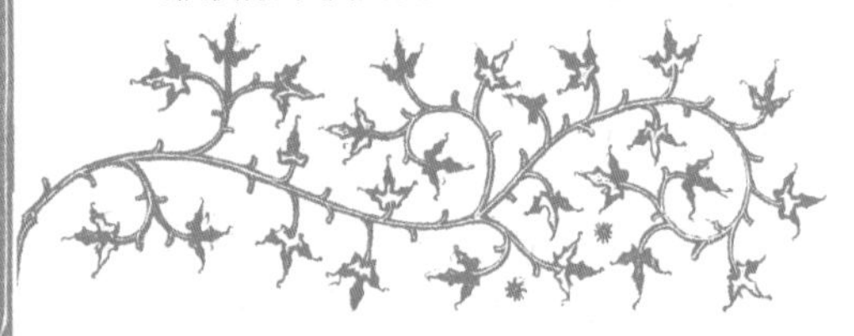

事。自古以來民間從瑣碎生活累積並儲存豐富的月相學問，足以應付日常起居裡個人的健康衛生、生活事工、和種種世俗活動的問題。以下是依據月亮週期生活同步生活的古老智慧：

新月

新月（New Moon）即初一，月形極爲纖細，宛如書法中的一撇筆畫。新月代表一切都正剛開始，你想在有怎樣的人生收獲，現在就該播下怎樣種籽的時刻。趁著新月許願，立下人生志向、承諾一些事物等都是人們的慣例。隨著月相改變，願力似乎就更強。你的願望必定會在新月完成週期、回復初始的新月狀態時實現。

新月彷彿從你的意圖中借了力量，幫忙你將人生所有負面習慣通通掃除。這樣的力量可以幫你重建人生，戒除抽煙、酗

酒、喝咖啡、飲食過量等等壞習慣。你可以像新生兒一樣，開始踏出正面生活的第一步。毫無疑問地，利用新月這個時期開始一個新的生活準則是再適合不過了，你可以開始節食，訂下新的運動計畫，或嘗試不同的生活方式等。

也是進行求婚、創業、旅行、寫日記、或投資的絕佳時機。如果趁此時清算你的財務，你會發現錢莫名其妙地變多了。在新幾內亞，婦女會趁新月時祈禱，希望月亮保護她們離家遠行狩獵的丈夫平安歸來。

眉月

從眉月（Waxing Moon）進展到上弦月，再進步到滿月，是一個增加、成長和擴張的月相。愛沙尼亞、芬蘭、雅庫特到奧克尼群島等地方的民間傳統，只在眉月期間成婚，因爲那代表一段眞心和堅貞的婚姻結合，能夠長長久久。

孕婦生產時，月亮也被認爲是助產士，有保護母親的功能。蒲魯塔克曾經寫道：「月亮對於生產總是會給予特別的幫助，若孕婦的陣痛和分娩在這段期間發生，順利生產的機率會提高。」

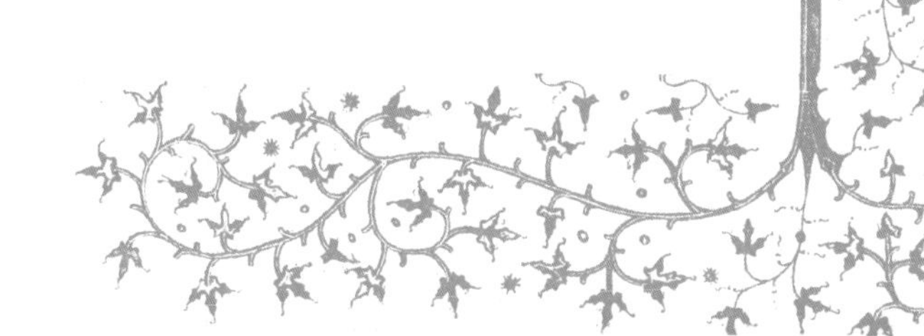

在蘇格蘭，寶寶總是在眉月時候被訓練斷奶。這樣寶寶可以順利配合月相成長、平安的長大，不再依靠媽媽的哺乳。立陶宛的男寶寶會在眉月時期訓練斷奶，不過女寶寶的斷奶訓練期要得等到月亮即將隱沒時，據說這樣可以抑制寶寶成長過大。

滿月

滿月（Full Moon）代表最極致的圓滿狀態：任何事物都將最爲肥沃飽滿。圓胖的月亮代表一個肥大的肚子、一個飽食的胃、一個滿垂的囊袋、一個圓潤的子宮和一個富足的生命。蓋爾語中滿月是Gealach，這個字是所有代表財富字眼的蓋爾語字根，也被普遍認爲能帶來幸福好運，特別是與浪漫愛情相關的字，這也許跟絕大多數女性都在滿月期間排卵的原因有關。

中古世紀的希臘人、塞爾特人和德國的猶太人，只有在滿月期才舉行婚禮。在古希臘悲劇作家歐里庇得斯（Euripides）的作品裡，當克里特尼斯特拉（Clytemnestra）要求亞格曼儂（Agamemnon），何時才肯在伊芙珍妮亞（Iphigenia）和亞基

里斯（Achilles）的婚禮一事上助一臂之力，他回答：「當滿月帶來好兆頭時再說吧！」

自古以來，在滿月誕生的孩子，被認爲最具有熱心誠懇的人格特質。法蘭西斯·貝肯（Francis Bacon）在他的十八世紀作品《自然歷史》（Natural History）中寫道：「…在滿月產下的孩子和幼貓將比較強壯，和那些在殘月誕生的孩子相比，體格要大上一號。」

根據塞爾特人的傳統，此時出生的孩子會帶來財富和好運。中非的貝干達人則是在初生兒誕生的第一個滿月，在月光下爲嬰兒沐浴祈福，願其健康平安。

由華特和亞伯拉罕·曼尼克兄弟（Walter&Abraham Menaker）提出，一份使用近五十萬份出生資料的研究證據顯示，在圓月期間出生的寶寶，遠高於其他月亮盈虧期的出生人數。

風俗習慣方面，則有不要在滿月第一天洗衣服，不然衣服很快就髒了；把沾污的桌布放在月光之下，會有漂白作用，以及最飽滿蓬鬆的羽毛床墊，多是滿月時進行塡充的。

殘月

農夫和牧場主人常在滿月結束的殘月（Waning Moon）期間，避免進行栽種或牲畜宰殺等販賣交易活動，因為擔心穀物和牲畜會和月相一樣，莫名的衰竭或死亡。

在月亮精力衰退期間，便不是個利於生產的吉時。曾經有這樣的說法：在殘月到完全月晦這段期間出生的寶寶，將是體弱多病或有怪癖的孩子。在康威爾（Cornwall）有句說法是：「無月無兒」（No moon, No man），顯示古時康威爾民間信仰重視月相的程度，他們甚至認為，在殘月出生的孩子活不過青春期呢！而事實上，現代最新的研究調查也證明，一個月出生率最低的時候，正是殘月到完全月晦的這段期間。

殘月時期生活不宜有任何新行動，若在此時搬家，新居將會不得安寧；若穿著新衣服，新衣服一定不耐久穿。

殘月時期其實正是退隱蟄伏的時刻，所以進行清洗和消毒等清潔工作最好，特別是清洗床單。這些工作此時著手可以事半功倍，髒污和塵埃都會隨著月光消失。

月術

月光與工作

長久以來，月亮被認爲掌管水，因此，她是所有生物，無論動物、礦物或植物的母親或女神。伊朗人的《亞希經》（Yasht）經文寫道，植物完全是憑藉月亮發出的熱能而成長。巴西的諸多種族也一致相信，月亮像母親一般撫育牧草；擁有古老傳統的中國人，也認爲月球上百草茂盛。

擁有豐富經驗的務農者也要配合月相，來整合農事或耕作，以便在土地上增加農作物的質量。人們普遍認爲動植物的生長和健康狀況，在某種神奇的同理心作用下，會和月亮盈虧狀態相呼應。處在新月時，地表萬物生機蓬勃，動植物都生意盎然；但是當月將殘，生物紛紛放慢生命步調，體液也乾涸了。如同猶太聖法經傳所說：「上天行，下界效。」

一個不變的綜合法則是，當新月乍現，大地開始接收新生的能量：動植物生長繁殖並開花結果；當圓月之際，大地成熟圓潤、植物茂密豐盛，此時用來催肥、交配、育種等都是最完

美的時刻。而當月亮進行到下弦月或是殘月，就是如根莖類或是球根鱗莖類等農作物該栽種的時候了。此時也是收穫、修剪樹枝和清除雜草的時期。至於晦月時，農人應當進行挖土採掘、覆蓋樹根、還有培養種子發育等農事。

播下豆和豌豆種，在新月初始時，

該播種的時刻，不快也不慢。

如同星球運轉，將成長又茁壯，

最後繁榮茂盛，智慧者終得豐收。

——湯瑪士・突瑟（*Thomas Tusser*）

《農事五百點》（*Five Hundred Points of Good Husbandry*）

十六世紀英國人

新月的工作應用法則

－開始種植馬鈴薯，這樣果實會朝深土茁壯長大。

－採收蘋果儲存，避免腐爛。

－收集初生雞蛋讓母雞準備孵化，這樣會有一窩強壯健康

的小雞。

－現在是捕魚的好時機，因爲魚群對誘餌會有積極的回應。

－把馬槽的柵欄在此時整修或重新豎立，會比較經久耐用。

－爲果樹進行消毒工作。

－採集新鮮的露水。

眉月的工作應用法則

－種植或移栽果實，易有豐收。

－種植穀類，會很快發芽。

－在草坪播種，很容易生長。

－進行鋪設草皮的工作。

－視需要爲家裡的花草做移栽或移盆。

－收穫栽種的作物，並且盡快烹煮食用。

－爲羊群剃毛。

－宰殺野味或其他家禽、家畜類。

－澆花。

滿月的工作應用法則

－在乾旱時播種。

－採摘葡萄進行釀酒。

－採收香菇等蕈類。

－種植莓果類。

－種樹。

－採集有醫療用途的藥草。

－幫作物施肥。

－捕食螃蟹、蛤、蝦等。

－幫動物交配或授精。

殘月的工作應用法則

－種植或移栽二年生植物的根莖類作物，或是球根、鱗莖類花卉。

－修剪樹枝或草叢。

－刈草。

－製作牲畜食用的乾草飼料。

－去除青苔。

－種植植被，保護樹根。

－為了保存食物，進行作物收割。

－將豆子乾燥，將蔬果裝罐，製作果醬和膠凍類食物。

－醃漬魚和其他肉類。

－將橄欖油中沉積物濾榨出來。

－自打穀場蒐集穀粒。

－砍伐樹木：在法國殘月期間砍倒木材的會被貼註優選（preferred）的標籤。

－進行木作。

－挖掘，盡力去作搬運工，在地窖工作，將石頭藏起來。

－剪開泥炭，避免在壁爐燒火時煙霧瀰漫。

－替動物閹割或剪角，減低生育率。

月光園

月光花園的植物，顧名思義就是栽培在月光下觀賞的植物。通常都是一些從容沉靜的白色花卉組合，而且花種特性是夜晚開花、香味濃郁的品種。

典型的夜光花園應該包括下列白色花種：

香雪球（Alyssum）

紫苑（Asters）

滿天星（Baby's Breath）

美洲耬鬥菜（Columbine）

大波斯菊（Cosmos）

水仙（Daffodils）

飛燕草（Delphiniums）

花菖蒲（Japanese Iris）

月光花（Moonflowers）

菊花（Mums）

煙草花（Nicotiana）

紫羅蘭（Night-Scented Stock）

矮牽牛花（Petunia）

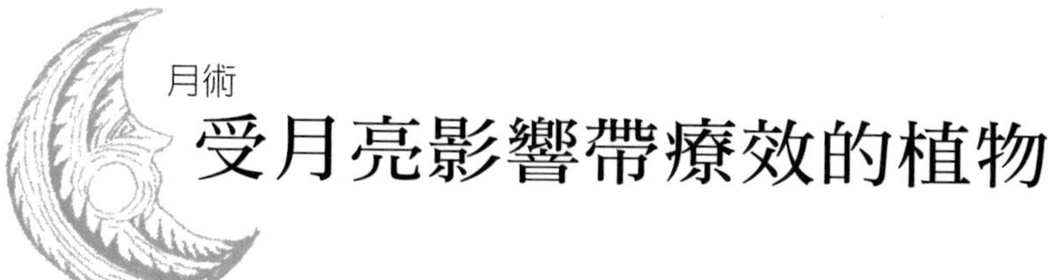

月術

受月亮影響帶療效的植物

根據民間傳說，以下常見植物深受月亮影響，富含治療特殊疾病的成份：

植物名稱	傳說中的療效
樟腦（camphor）	預防傷風、促進睡眠、防止討厭鬼騷擾。
銳葉木蘭（cucumber）	因為籽多，可促進生育、治療頭痛。
桉樹（eucalyptus）	常備補藥；莢果可治療喉嚨痛和感冒。
梔子（gardenia）	增加吸引力，誘惑情人。
萵苣（lettuce）	汁液抹在額頭可以放鬆並安撫睡眠神經。
芙蓉紅（poppy）	促進繁殖生育；並可預見夢境。

植物名稱	傳說中的療效
檀香木（sandalwood）	燃燒，可清淨空氣，創造具有免疫力的環境。
肉質植物（succulents）	有助招引好桃花並使財富充盈。
艾菊（wild tansy）	泡茶漱口可以舒緩牙齦腫痛和牙疼；加蜂蜜可治療喉嚨痛；紓解經期悶痛。
垂柳（willow）	居家常備良藥，可以接受人們的許願，被認定是月亮施以祝福的植物。

月藥良方

眾說紛紜的文化傳承下，月亮的影響力遍及世間，包括人類的身體和心理，這也是人們學習如何依照月相來找尋治療自己藥物的原因。古時希伯來人、希臘人、羅馬人和許多非洲種族，都覺得月亮對人類身心有很大的威脅和毒害。新約聖經就提到過一個年輕男孩被忽然發作的腦部疾病所苦，而耶穌爲他驅除邪魔，使他痊癒的故事。西元四世紀譯出拉丁文聖經形容

這樣突如其來的瘋狂爲Lunaticus，也就是發暈（moonstruck）的意思。

羊癲癇這個疾病，多年來被認爲是月亮所招致的痛苦。有個舊時理論說，月亮女神支配水、潮汐和雨水，大腦內生成過多水份，在滿月時特別容易發作。有趣的是，醫學科技完全贊同這個理論：從醫學角度來看，癲癇是由大腦水腫所造成，也就是腦內累積水份而引起壓力。

難道人體裡的水份平衡會受月球引力影響，就如同潮水漲退一樣？

月種
（Moonseed）

類植物，有彎曲的攀藤、一串串紫色莓果還有新月形狀的種子。

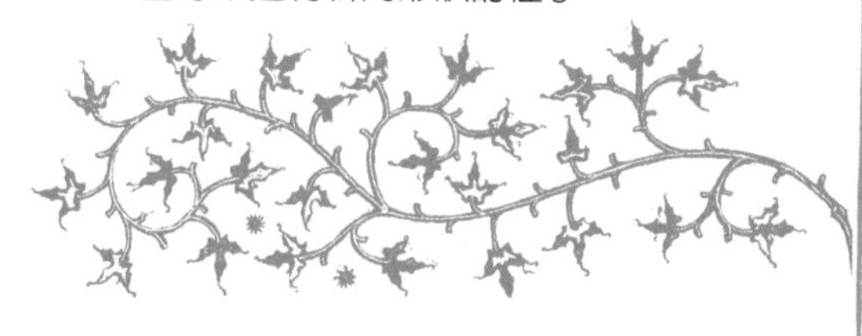

這個和月亮共鳴的觀念，實際上和古人行之有年的民間療法不謀而合：古人搭配月相進行狩獵、採集、園藝、畜牧和農作等工作。不僅僅是植物在新月時期長得比較好，且容易成長茁壯，在新月時期的動物（包括人）也更精力充沛、心情開朗，對疾病也有良好的免疫力。相反的，當月將殘，生物體都變得虛弱而易受攻擊損壞。

新月到眉月

–在新月時期，身體吸收並整合成最佳狀態。此刻身體傾向增加體重、保存水份、大量吸收等。人們趁這時多接近正面的能量：譬如說足夠營養的食物、運動、體適能療法和冥想打坐等。

–好好修剪指甲和頭髮，能促進健康快速的再生。古羅馬皇帝提比留爲避免禿頭，只有在新月時才去拜訪他的美髮師。

–在英格蘭史特佛郡（Stafford），有個治療兒童百日咳的偏方，就是夜間將孩子帶到戶外，將肚腹暴露在月光之下，一邊撫摸一邊低吟：「我所見會增加，我所感會消退。」看起來很詭譎，但聽來有效。

–在隆乳手術發明之前，義大利那不勒斯的女人會向逐漸圓熟的月亮祈求胸部變大。單獨一人全裸站著，雙手高舉做禱告狀，反覆詠唱九遍：「Santa Luna, Santa Stella, fammi crescere questa mammella.」（聖潔的月光，聖潔的星星，讓我的胸部漲大吧！）

滿月的用藥法則

－這時摘取的藥草療效最強。

－在滿月期間，甚至於前後幾天，人體也達到滿溢的邊緣。這段期間人體有戲劇性出血的傾向，根據美國的血庫調查報告，滿月當天和之後兩天的血液需求量，會達到一個月的最高點。

－避免動手術以免多餘的失血。在印度，醫界認爲最適當的醫療措施，是拖延到滿月後再開刀。佛羅里達州戴勒赫斯（Tallahassee）的艾德森・安德魯博士（Dr. Edson Andrews）曾進行四年的研究，他發現有百分之八十二大出血的開刀情形發生在滿月，他註明：在新月和滿月時動刀，引發大量流血的機率大增。安德魯博士十分堅信研究的結果，甚至打趣地說要作個巫醫，只在沒有月亮的晚間營業！

殘月到晦的用藥法則

－人體現在處於放鬆、紓緩、休息的時段。這時候進行排毒、減壓會更容易，多餘的水份很快就可以排出。所以

這兩個星期可以安排減重，或其他自我增長的計劃，進行斷食療法也非常好。

－如果不希望頭髮和指甲長得太快，現在可以動手修剪。

－修補牙齒或拔牙的好時機。

－挖掘藥草根。

－如果你正在治療疣或把腳上的雞眼剪去，便不會再發。

禱告能讓你現身，
當月趨於圓滿，
雞眼剪掉又長；
但你若肯用心，
月圓過後剪到邊，
很快就不復發。
如果這是真的，
請讓我知道
到底原因是什麼。

——二十世紀前期，一封讀者給英國《阿波羅雜誌》（*Apollo*）總編輯的信

週期慶典

月神崇拜

比起歸順太陽的儀式，敬拜月亮在世界各國文化上，是很普遍的行為，其重要性與優先程度是遙遙領先的。月亮的盈虧狀況在亞洲總是特別受到重視，所有的宗教慶典，目前還是照著陰曆辦理。

根據摩西法典的記載，亞當用巴比倫人遺留下來的宗教規矩，進行祭月儀式。而摩西接受十誡的地方——西奈山（Mt Sinai），代表的正是月亮山。耶穌依然尊崇新月，並且慶祝月亮重新出現的一天為聖日（Rosh Chodesh）。

彎彎的眉月象徵的是前伊斯蘭教月亮女神：瑪內（Manat）或阿拉（Al-Lat），加上目前代表回教的夜晨之星維納斯（Venus）。

整個歐洲的婦女們，在文藝復興時期過後，仍然持續敬拜月亮。即使生活被基督教的守則所箝制，但她們深深知道：如果需要什麼特殊緊急的援助，應該向月亮女神祈求，而不是向

主禱告。這點在愛爾蘭和冰島執行得更徹底，女人會透過聖泉或其他地方，向月神祈求永恆的智慧。

就算到了近代，無論是任何城市的居民，還是會驚奇地抬頭望向滿月，彷彿是第一次看到圓圓的月亮。欣賞滿月代表人類和宇宙相連，就算只是敬畏的一瞥，這也讓他們深感安慰。這種觀望本身充滿服從與懼怕，觀察＝恭順（Observance=observance），本質上，也算是一種儀式。

月神在全球始終擁有至高無上的地位，她神聖的形象在夜空宣示著主權在握。一輪彎月，搭配著一顆或數顆星星，在今日以下國家的旗幟上飄揚：土耳其、巴基斯坦、突尼西亞、利比亞、阿爾及利亞、馬來西亞、新加坡、北塞浦路斯、尼泊爾、馬爾地夫和南卡羅萊納。而在南太平洋的帕魯國國旗上，則是碧海青天的背景襯托一個金黃圓融的滿月。

以月為中心的事物（Selenocentric）

以月亮為基準，來考量一些事情。

週期慶典

召喚月神

歡迎光臨，珍貴的夜光石，

夜間的喜悅，珍貴的夜光石，

群星之母，珍貴的夜光石，

太陽撫育的孩子，珍貴的夜光石，

完美的星空，珍貴的夜光石。

——蓋爾族

月啊，月母啊月母！萬物之母。

請聆聽我們，月母！

月母啊月母！

請讓死靈遠離。

請聆聽我們，月母！月母啊月母！

——非洲加彭的矮黑人族

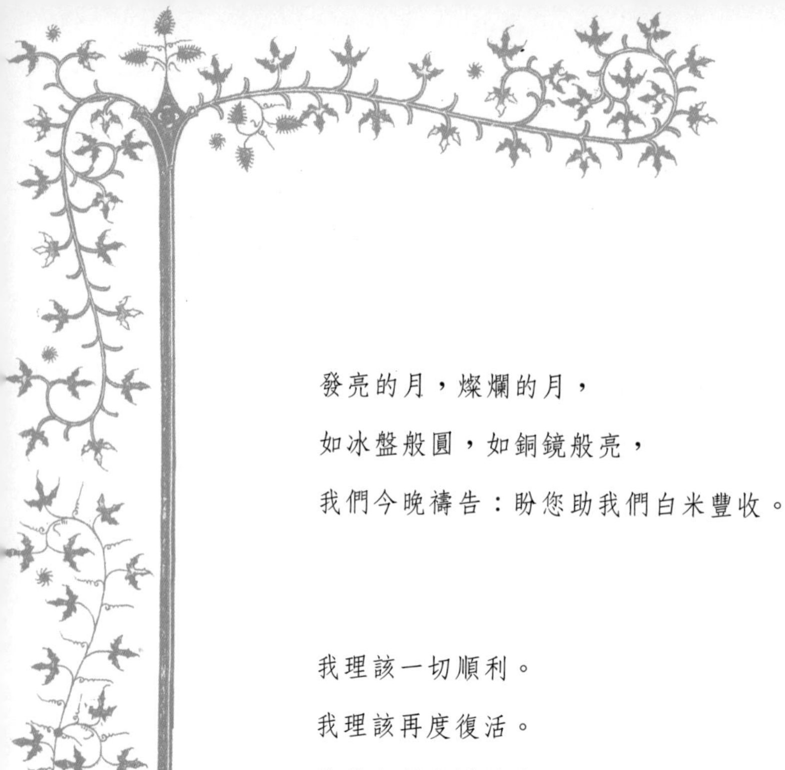

發亮的月，燦爛的月，

如冰盤般圓，如銅鏡般亮，

我們今晚禱告：盼您助我們白米豐收。

——傳統中國民謠

我理該一切順利。

我理該再度復活。

就算人們這樣說我：「他將滅亡！」

好像我真的就該這樣過，

但我會再一次復活的。

當青蛙蜥蜴那麼多邪物將你吞食，

就算萬般生物將你吞噬。

就算你被吃的一點不剩

你還是會再度現身。

就像時候到了，

你就要來到一樣啊！

——美國奧勒崗的泰克瑪族

群星是我兄弟，大地是我母親，

豔陽是我父親，月亮是我姐妹。

給予我生命光彩，

讓我身體有精力，讓我的貢品成長，

讓我的家庭安寧，讓我心靈真誠，

讓我成熟添智慧。

我們還是必須祈求更有力量

我們必須祈求團結一致，

向嗚咽的大地禱告

向川流不息的河水禱告。

對歎息的月神禱告

向閃爍的群星禱告

還有炙熱的烈日禱告。

——印第安人的村莊，新墨西哥

標準週期

每日標準變化

月亮的週期變化，是先漸漸地趨向圓形，再轉變為下弦月到晦暗。每晚都有變化，我們看著天空的月亮逐漸變圓、增大、再飽滿起來。圓潤到極致後，再開始每晚縮減一些，直到完全變黑消失。月輪每晚精細的變化，一再顯示月亮的微妙和難以捉摸。

一些部落文化按照不同月相，給予不同的名稱，比方玻里尼西亞部分地區，對於細繩般的細眉月稱為「繩子」、第二天稱為「月牙」，第三或四天，當月亮的陰影首次出現後，他們會說月亮拋棄了亮光，第十三天被稱作「蛋夜」，而滿月過後的第三天，則是稱作「海洋泡泡」的月亮開始上升了，難怪高更愛死玻里尼西亞這個地方了。

在東印度，當月亮的週期來到的第十一、第十二天，半圓的盈凸月開始現形，月亮就有了「小豬月亮」或「大豬月亮」這樣的稱號，這倒不是因為月亮變胖，而是此刻圍欄裡的豬隻都開始因為月光乍臨，而不安地驚叫，常常從畜養的地方逃跑。

第十四天一般稱為「倒臥」，看滿月舒服地蹲坐在東邊日落的地平線上。十六天是「燃爐」，因為不明亮的月光透進窗門的景象就像餘火慢燒的燃爐。週期進行到第二十六或二十七天叫「長樹幹」或是「殘樹株」。「進門」是指第二十八天，也是月亮現身的最後一天；而所謂「內省日」，自然是指月亮消失的黑暗夜晚。

求助於月
（To ask for the moon）

向月亮祈求難得到的事物。
比方1861年詩人威廉・薩克瑞（William Thackery）所寫的一首詩
「我該向月亮求助，讓我得到她。」
（I might as well wish for the moon as hope to get her.）

西方人就比較沒有創意了，因為崇尚理性和抽象化概念的緣故，寧願把月亮週期的變化簡單地用數字標示。

標準週期
每月標準變化

印象中，人類單純倚靠陰曆生存是很久的事了，不過很多人認爲就算幾世紀過了，也沒有必要仔細計算月亮週期的實際天數。遠古時代認爲月亮週期是二十九又半天，眞正精密的天數並不是很受重視，重點是知道何時有何事會發生，這樣就足以以月份來行事了。

女人經血依月週期來走，一個月亮的週期等於一次月經的來臨；所以兩個月週期就足以走到朝聖的地點；六個月的週期差不多便是雨季；寶寶出生前得在媽媽肚子裡待上九次月週期；十一個月週期可以編織完一條地毯。

月週期的名字經常和農耕生活事務相關：在古老文獻上記載各國人對月亮週期的研究：中國人有「種稻月」的稱呼；祕魯印加人有「大蒜豐收月」；古波斯人則有「進行收割月」。

馬雅人的月曆更豐富，他們有二十個月份，許多雕刻的月份銘文已被解讀出來：比方蟄子月、青蛙月、女王月、蝙蝠

月、儲存月、綠月、白月、麋鹿月、作壟月、獵鷹月和龜月。

在北美不同地區的原住民則有落葉月、戰爭月、痛眼月、饑饉月、劈啪打樹月及銀色鮭魚月等等，他們對於擁有這些月份顯得相當自豪。

這些月份的命名透露人民的生活特性、環境特徵、氣候、季節活動、飲食和信仰等細節。而住在奧瑪哈（Omaha），密蘇里州大平原和樹林中的居民則大多按動物名字來命名月份，這些月份名稱說明了獵人工作週期的特性：風雪吹進豬窩月、鵝群回家月、小青蛙月、無事月、植樹月、公牛母牛對戰月、水牛咆哮月、鹿發情月、鹿換角月、黑熊誕生月。他們住在五百哩遠的鄰居歐基哇族（Ojibwa），展現的卻是全然不同的風格。

這裡的人世世代代以務農為主，儘管大半年都是冰天雪地的結冰氣候，人們仍在惡劣的氣候中掙扎求生，藉著採集的野果和穀類生存，所以有了這些以農務為名的月份名稱：長月、靈月、芽月、雪殼月、雪鞋耗損月、百花群放月、草莓月、覆盆子月、採集野生穀米月、落葉月、結冰月、小魂月。

住在更北部凍原地帶的芬蘭烏戈爾族人（Ugric Ostiak），

趨月性
（Senotropic）

面向月亮。

趨月性
（Selenotropism）
在月光之下，
生物有向上彎曲親近月色的傾向。

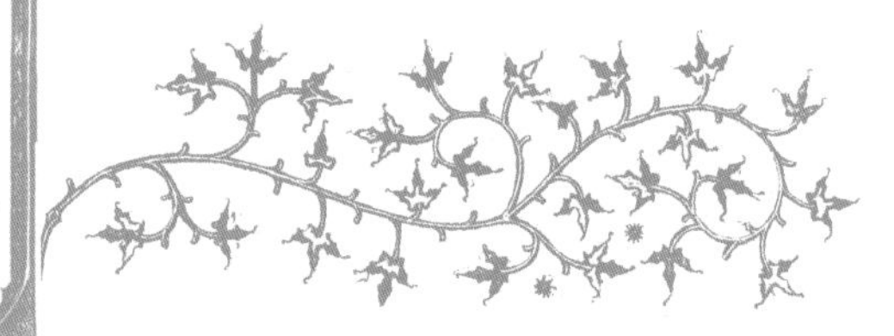

所取的月名透露出他們生長環境之酷寒；樹材林木在這裡的地位崇高，除去取暖的燃燒之用，還是搭建人們和牲畜遮風蔽雨、安身立命的地方。此外，以下月名也可看出魚類和野生禽鳥，在這裡的飲食菜單中扮演的重要角色：魚卵月、松木月、樺樹月、鱖魚月、乾草收割月、鴨鵝離走月、無樹枯燥月、破冰返家月、上馬背月、大月、小寒馳騁月、寒鴉月。

傳統中國人認定的大月有三十天，而小月陰曆只有二十九天。所謂的小月指是符合月亮盈虧的迷你月份。每逢新月或滿月，就是特定節氣的開始，一共有二十四個：立春、雨水、驚蟄、春分、清明、穀雨、立夏、小滿、芒種、夏至、小暑、大暑、立秋、處暑、白露、秋分、寒露、霜降、立冬、小雪、大雪、冬至、小寒、大寒。

猶太人的月曆也一樣，反應每個月當季最盛行的活動。希伯來人的月份是繼承巴比倫人的名稱，其實也就是源自亞述人的月曆：Tishri是第一個月，來自敘利亞人；Shera或Sherei表示開始；Tevet名字來自Tava（表示埋入），通常是濕冷多霧的十二月； Lyyar一字來自希伯來文，表示光亮，一般是指春分時節，晝長夜短的初春。

早期阿拉伯人的月曆幾乎是完全配合陽曆制定，但西元七世紀後的現代伊斯蘭教月曆，已經改為陰曆，雖然橫跨整年的月份已經流傳已久，但其實名稱已經失去原始搭配季節性活動的意義。Safar是第二個月的意思，名稱來自阿拉伯Safara，表示糧食即將罄空；Robi是三、四月的意思，象徵秋雨過後，萬物生機盎然的模樣。Jumada是五、六月，代表硬化或是結凍的冬季；第九個月Ramadan來自Ramada一字，象徵酷熱的天氣。

而古老德國人使用的月份說法，顯然是一百年前盎格魯薩克遜人用的：

	英文月份	德文月份	月份名稱意義
一月	JANUARY	Lauwmaad	寒冷月
二月	FEBRUARY	Sprokelmaad	蔬菜月
三月	MARCH	Lentmaad	春分月
四月	APRIL	Grasmaand	綠草月
五月	MAY	Blowmaand	花卉月
六月	JUNE	Zomermaand	夏日月
七月	JULY	Hooymaand	乾草月
八月	AUGUST	Oostmaand	豐收月
九月	SEPTEMBER	Herstmaand	立秋月
十月	OCTOBER	Wynmaand	酒香月
十一月	NOVEMBER	Slagmaand	屠宰月
十二月	DECEMBER	Wintermaand	隆冬月

對於那些祭司，虔誠祭拜樹靈的人，他們的月曆是以：樺樹、花楸果樹、白蠟樹、榿木、柳木、山楂樹、橡樹、冬青、

榛果樹、葡萄樹、長春藤、蘆葦、接骨木等諸樹命名。

許多歷史悠久的國家會按花朵特性，分別安在不同月份作爲月花。這些倒不是爲了商業或是宗教因素而製作的月曆，而是給藝術家參考，用來作畫、寫詩文之類用的。

	英文月份	日本	中國	維多利亞（英國）
一月	JANUARY	松樹	梅花	雪花蓮
二月	FEBRUARY	梅樹	桃花	櫻草花
三月	MARCH	桃樹	牡丹	紫羅蘭
四月	APRIL	櫻桃樹	櫻花	香豌豆花雛菊
五月	MAY	鳶尾	木蓮花	野百合
六月	JUNE	紫藤	石榴	玫瑰
七月	JULY	牽牛花	蓮花	水百合
八月	AUGUST	蓮花	梨花	芙蓉花和唐菖蒲
九月	SEPTEMBER	菊花	錦葵	牽牛花
十月	OCTOBER	秋	菊花	金盞花
十一月	NOVEMBER	楓樹	梔子花	菊花
十二月	DECEMBER	竹	芙蓉花	無花的月份

至於法國大革命的十月曆，和月亮節氣毫不相干，而是隨性地、直接說出重點：一月：Venemaire，美酒月；Brumaire，青蛙月；Frimaire，霜降月； Nivose，下雪月；Pluviose，雨水月；Ventose，起風月；Germinal，播種月；Floreal，花朵月； Prairal，草原月；Messidore，豐收月；Thermidor，炎陽月；和最後的Fuctidor，水果月。

和這些五花八門、多彩多姿的月份名稱相較，西方人對月份的稱號顯得平鋪直敘，較沒有文雅趣味。

夜獵的光暈或露屁股
（To Moon）

一、北歐的夜間狩獵運動，
需要特殊光源像月亮般自獵物背後照耀，
讓光暈將之照亮後無所遁形。
二、脫下褲子露出屁股嚇人，
是一種挑釁行為；
或是一群年輕人的惡作劇把戲。

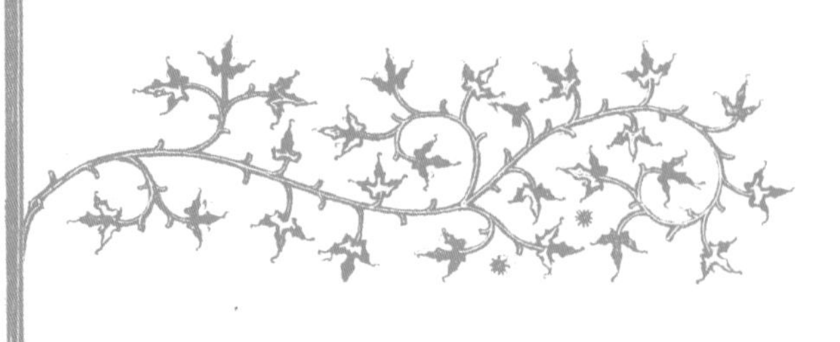

我們原封不動的繼承了由凱撒在西元前45年，所訂立的羅馬的曆法。這些月份名稱並沒有與大自然有關聯。

Januarius，代表新年新開始，命名來自加納神（Janus），主宰光陰的來去；Februarius的命名來自法布魯斯神（Februus），能預見人的罪惡被洗滌；Martius自然是指戰神馬斯（Mars），或許這正是要標榜三月份氣候和煦，和暴戾的戰神無關；Aprilis來自拉丁文aperire，意思是開放或是萌芽；Maius是爲了紀念瑪雅（Maia），掌管綠色大地生長的女神；Junius一詞來自拉丁文Junores，表示青春年少的意思，或許是和夏日慶典的熱鬧活躍有關。

Julius是命名自朱利烏斯．凱撒（Julius Caesar），這本月曆的作者；Augustus是指凱撒的孫姪和嗣子Augustus。不知是否因爲連取八個名字以致思路枯竭，九月份之後的月份名除了數字外，沒有任何的意義：九月、十月、十一月、十二月，在古文中只有七、八、九和十而已。

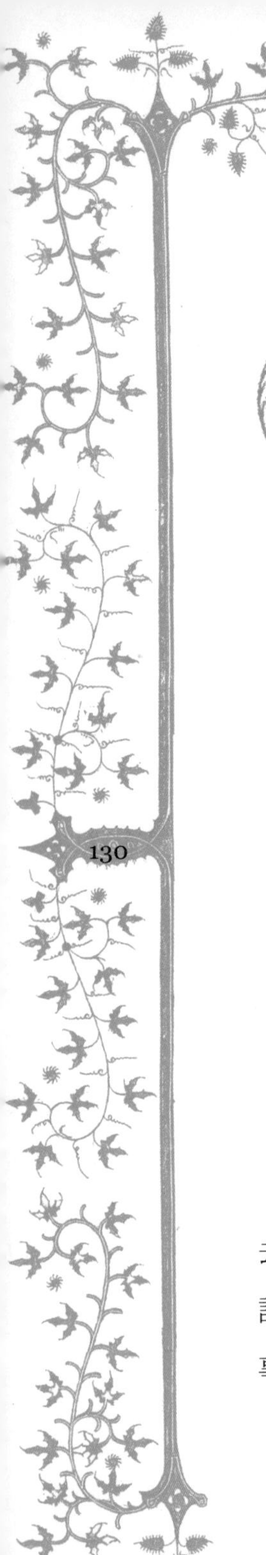

標準週期

陰曆

月亮，無疑的代表了一整年，

和所有生靈。

——古印度梵文紀事

月亮被神創造來讓人們數著過日子用的。

——猶太法學博士的聖經注釋

月亮的月相週期就是人類的第一部月曆。

——伊薩克・阿斯摩（*Isaac Asimov*）

二十世紀美國人

月亮的移動計算著每日的點滴，也分別標示舊的一年過去，新的一年又來了。遠古時代的老祖宗學會如何觀測天象，記錄月亮無止盡的盈虧，所以得以有效的掌握天時、配合農事。有成熟而周密的曆法是極緊要的，可以推測天氣或是世界的運轉情況。

月亮在冥冥之中，為我們安排了萬物運行的軌跡。月亮是唯一讓人可以近距離裸視的星體，我們可以看到它弧線似的位移和變形，這方便古人記錄、製表、查明天時。

在法國都多聶地區（Dordogne）挖掘出一片三千多年前的獸骨，上面留有用一系列不同用具、在不同時間雕刻的符號，這些標誌被考古學者認為是月亮週期和星象。其中有兩塊相似的獸骨被發現是距今有八千五百年以上的歷史古物，一塊是在赤道非洲，另一塊是在東歐捷克。骨面上有固定間隔的明顯刻痕，一系列約為十五到十六劃。

在尼羅河發現的衣山哥骨（Ishango bone），也許可以解

單純
（Silly）

是從古老的德語字blessed而來，
字的根源和Selene女神有關。

讀爲初步的陰曆。上面刻有明確的時間記號，透露新月到夜圓月的月相紀錄。這些史前記錄正確的寫下了一共五個半月長的月相。

人類頭一回望見那暗夜裡乍然開場的朦朧月色時，就開始計算每個月的長短，在月色消失的那幾天，才停止記錄。西元631年，穆罕默德公告伊斯蘭教的月曆共有十二個月，初始月應從在山頂或廣闊平原上，清楚地觀看新月開始，千百年來，阿拉伯文中關於西羅（Hilal）這個月亮主題，已經在阿拉伯人的藝術文化中佔一席之地，並且光耀回教精神長達兩百餘年。

觀測月亮的行爲對米索不達米亞地區是重要的史實證據。亞述王衣沙海頓（Esarddon）在西元680到669年之間的信件，曾經記錄以下事件：

在第十三天，我看到了月亮。它的位置很高。

國王應該等待來自亞述城的報告，並且決定這個月的第一天是何時。

早期希伯來人藉由燃燒火光，告知整個村里新月現身，這和敬拜月亮有相當程度的關聯。古希臘地區負責傳喚公告的人，也會大聲宣佈新月的出現，讓人們了解這是一個月的開始。羅馬的祭司們也會自卡彼托山觀察新月的蹤跡，一旦有所發現，便會大聲召喚茱諾（Juno）——諸神之后。古羅馬月曆中每個月的第一天都稱爲calends，表示大聲呼叫（to call out）。英文中的幾個字：月亮（moon）、月份（month）、測量（measure）等，都是同一個印歐文字字根的結果。韓文也是一樣，月亮（moon）、月份（month）皆是同一個字。

記錄過往的曆法，對那些居無定所的人相當適用，那些

隱匿
（Lucifugous）

躲起來，在不見天日的地方藏身。

走私酒
（Moonshine）

非法酒類，假設是在夜晚月光照射下私釀，並運送交易的。

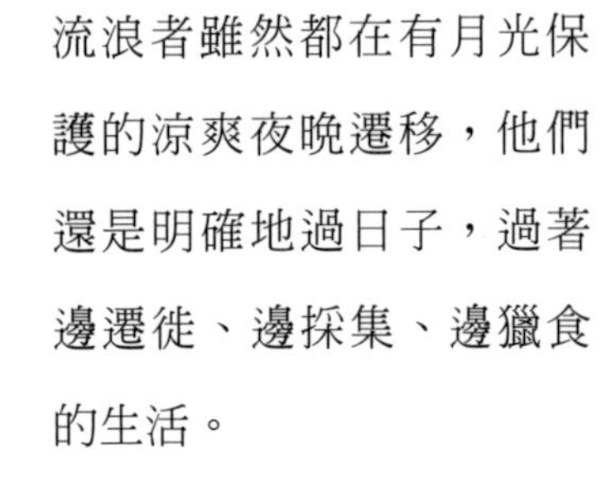

流浪者雖然都在有月光保護的涼爽夜晚遷移，他們還是明確地過日子，過著邊遷徙、邊採集、邊獵食的生活。

對於那些安土重遷的農民，他們對太陽的狀態，還有月亮週期就相當依賴。特別是根據季節變換來決定不同農事的紀錄：播種、施肥、除蟲或收割等。不過，隨著農業文化的進步和定居生活的穩定發展，太陽曆法便因應更新的需求而發明。

幾千年過去，陽曆不合時宜的地方也經過不少修訂。陽曆中的大小月是包括三十一和三十天，這和實際每次滿月的間歇二九點五三天相隔過長。

這些被刻劃制定的月份，漸漸地失去符合月亮盈虧週期的意義，這彷彿是科技進步無法避免的結果：人類最終還是放棄月亮，這個曾經親密難分的忠貞慧星。

Part 3

真實月亮
我們所知道的月球

月球之所以形成，

是地球還處於熔融未固化狀態時，

和一個大小與火星相仿的星球碰撞，

造成地質變動後的產物。

起源

月亮起源的深思

隨著科學時代來臨，民間傳說中對月亮的諸多謠傳和揣測，已逐漸被文明的觀測數字和實際分析所取代，這是對宇宙認識的一大進展。十七世紀的天文學家迦利略（）發明的望遠鏡更讓天文學的發展更極致。

西元1796年到1900年，科學家普遍接受月球及其他星球，都是由在太空中交纏旋轉的氣體壓縮成的。只是這樣的星雲說（認為太陽系是由星雲狀物質形成的假說），最後被以下三個理論推翻否定：

一、月球是環繞著地球的一小團旋轉氣體。月球經旋轉、導引，不斷吸收太空碎片，累積到目前尺寸。

二、月球曾經是地球的一部份。因為某些原因，地球開始迅速旋轉，並且變得不再穩定。月球形成是由於太陽引力，太陽從太空中撕裂星球母體，再將月亮送往軌道運行。

三、月球是宇宙的某一角，被不知名的強大引力吸引，拉

到目前環繞地球公轉的軌道來。

在1967年，第一台無人的探測太空船登陸月球，並且採集月面的土壤和岩石樣本，順利催生了之後無數次的登月計畫，讓太空人親手進行進一步的觀測和研究。

科學家們對於月球本質的現有推論，完全不足以支撐新發現，所以對月亮的新學說理所當然就被做成公式了。

根據近年來的說法，月球之所以形成，是地球還處於熔融未固化狀態時，和一個大小與火星相仿的星球碰撞，造成地質變動後的產物。強大的撞擊使地心的鐵質暴露出來，加上一股強力的矽鹽酸瓦斯朝著太空噴發，這股巨大的熱氣和碎石岩屑形成的雲狀物先是環繞地球，接著冷卻並接合成月球主體。

一線月光
（Moonbeam）

來自月亮的一線光。

剛開始時月球和地球距離非常近。經過一千年之後，月亮開始慢慢往外移，最後邊走邊帶著太空星塵微粒離去。

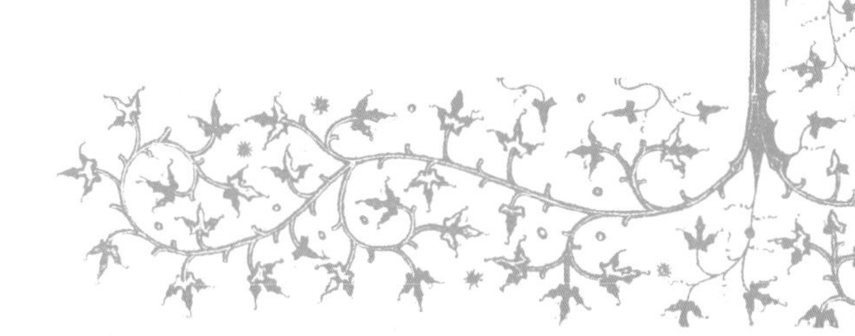

月球組成
重要的統計數字

直　　徑：2,160英哩，約爲地球7,910英哩之0.27倍。

圓　　周：6,790英哩。

平均半徑：1,080英哩。

質　　量：8x1019噸（需造字見原文書P100）。

重　　量：81x百萬噸的三次方；地球重量是588 x百萬噸的三次方。

材　　積：地球材積的0.0204倍。

密　　度：水的3.34倍。

表 面 積：一千五百萬平方英哩，是地球的十四分之一。

月球引力：每秒5.31平方公呎，是地球的0.16516%。

月表溫度：白天溫度華氏273度；夜晚溫度華氏-280度。

可見範圍：任何時間都至少有59%，其餘41%躲在陰冷的太空中，永遠不爲人所見。

平均運轉速度：每小時2,287英哩。

運轉方向：順時鐘方向。

遠地點（指月亮軌道上離地球最遠的點）：252,710英哩。

近地點（月球運行軌道最接近地球的距離）： 221,463英哩。

平均和地球距離：238,657英哩。

平均反照率（指日光反射百分比）：7，地球是40。

運轉週期：27天7小時又43分11.5秒。

公轉到近地點所需時間：3.232天。

硒
（Selenium）

字的根源和古希臘月亮女神Selene有關；
在1817年發現的非金屬元素，由硫和碲組成；
由於導電性會隨光亮度增加，
被應用在傳真電報上。

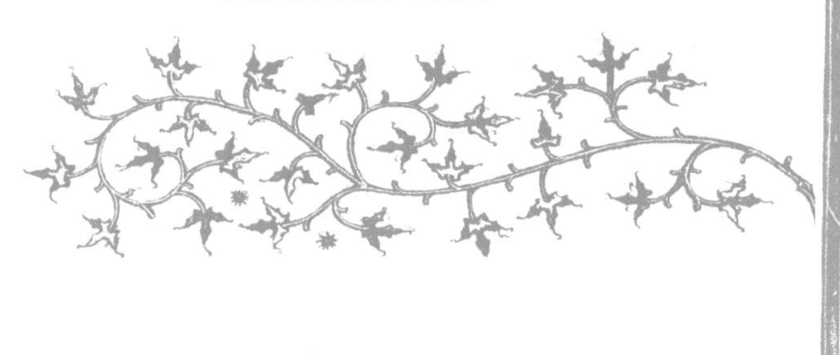

月球組成

剖析月亮

空　　氣：幾乎沒有。

水　　　：沒有。

地　　殼：36～62哩厚。

土壤覆蓋：2～3呎深。

表層塵土：1/8～3吋厚。

土壤的有機組成：沒有。

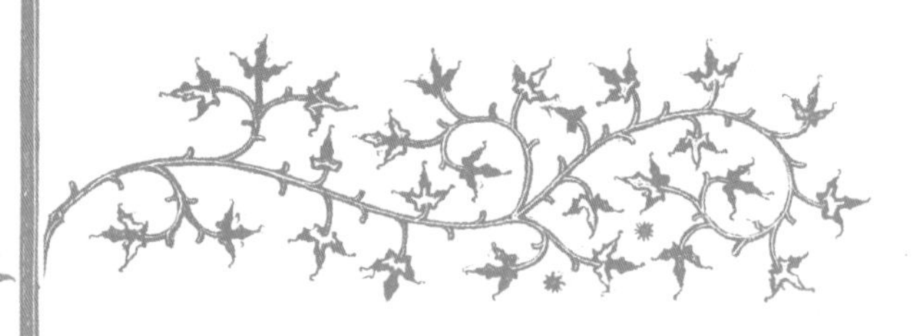

無機物組成的土壤

月球土壤大多是由億萬年前的流星群，所轟炸過後的岩石組成。月球岩石帶著些微磁性，含有許多不明成份或是化學元

素。月亮有42%的微原子是氧，還有鋁、氮、鈣、鈦、鎂、和鐿等，顯然比起地球的地質成份，更為豐富有趣。

月球上的廢棄物

至少有五十噸以上由各國太空人遺留下來的東西，包括旗幟、幾顆高爾夫球和探測車行駛過的輪胎軌跡。

月球岩石

由阿波羅號太空人帶回地球的月球岩石樣品，若是以每個登月計畫的成本來計算，最起碼每盎司重量都價值三百萬美元以上。

這塊月石看起來像髒兮兮的馬鈴薯，
我想在我們去月球之前，
他們一定得好好把那邊清理乾淨。

——瑪格麗特・馬歇爾（*Margaret Mitchell*）
美國司法部長約翰・馬歇爾的太太

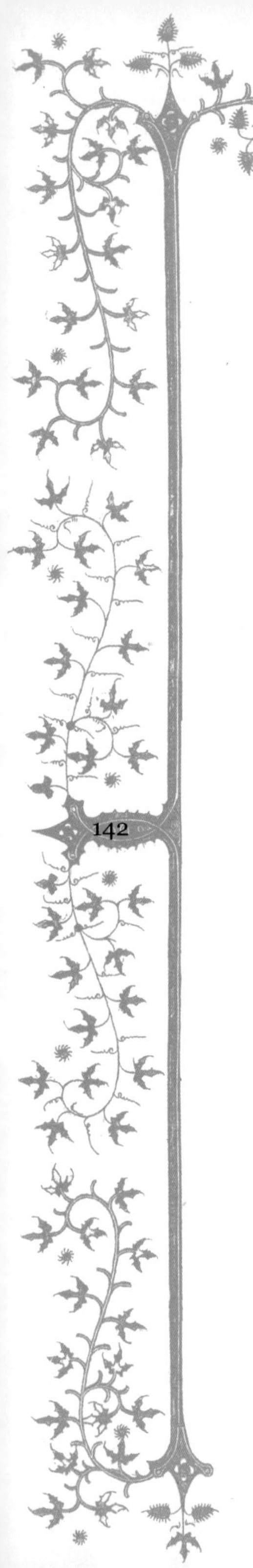

月球地表分佈

雖然月球是無機的不毛之地，月表還是會隨著月震、和長久以來的流星襲擊逐漸改變。因爲沒有像地球一樣的大氣層，可以供墜落物燃燒及緩衝，因此月球受到不少殞石撞擊而留下坑洞。

月表地形變化可以直接用肉眼觀測，而坑洞和山谷等細部地貌，若用雙筒望遠鏡或天文望遠鏡觀測，也能夠看得相當仔細，令人驚豔。

美國兩位早期太空人，在1971年登上阿波羅十四進入軌道準備登月時，曾以他們觀月最優勢的角度來形容月球：

它看起來就像被塗上鉛灰塵泥的巴黎。

——指揮官 艾德格・馬歇爾二世（*Edgar D. Mitchell, Jr*）

嘿！你一定不相信：它看起來像地圖。

——少校 史都華・路沙（*Stuart A. Roosa*）

月球組成

表面地理特徵

我確定月球表面絕對不是平坦的，沒有高低變化，完全是球體。這正如同那一群哲學家認知中的月亮和其他星球對應的關係。但我也認為月表的起伏極大，充滿坑洞和突起。就像地球表面一樣：四處有巍峨的崇山峻嶺和深溝峽谷。

——伽利略（*Galileo Galilei*）
十七世紀義大利天文學家

環形山

用望遠鏡觀察月球地表，環形山（Craters）這個最顯著的地形，很像是被流星撞擊所形成的。它是個幾乎觀測不出直徑大小的山，範圍涵蓋小山到極大的環狀山坡。環形山最大直徑

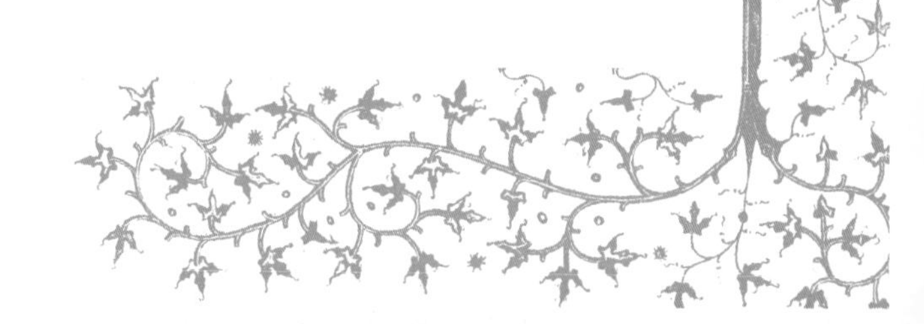

有180哩，其中至少還有三萬個環形山直徑不超過一公里。有的坡道平緩，有的則有嶙峋的山谷結構。這種地形的平均高度大約是九千到一萬八呎高。

無水平原

這就是所謂的月球海（Marias），看起來像是大塊的黑斑點，肉眼可以看得到。月表其實一大片低於地平面之下，是片貧瘠而不含水的乾燥平地，唯一的特色是範圍廣大的乾涸火山熔岩流痕跡，現在都已凝固成玄武岩的地形景觀。

月長石
（Moonstone）

一種帶青綠的長石礦物，信奉印度教的人相信是月光的具體化形狀，可以帶來好運，
治療癲癇、神經緊張、使情緒冷靜、安撫神經，
還可以增加女性魅力。

山丘

如果沒有無水平原的覆蓋，月表上有很多寬廣的山丘，看起來高聳險峻，且獨霸一方；大部份都是組成環形山牆的一部份。呂班尼茲山，在月球南極（Leibbnitz Mountains），最高峰有海拔三萬呎。

平坑

是跟無水平原差不多的沼澤地帶，只是範圍較小。

地溝

月球表面遍佈巨大且看似無止盡的畦溝，這些平行的深溝紋一直向山丘地形蔓延。最長的一條有184哩長，而被發現的月表溝少說也有兩千多條。

無水灣

和海洋及沼澤相同，不過其實港灣的下凹地形是無水且乾燥的。

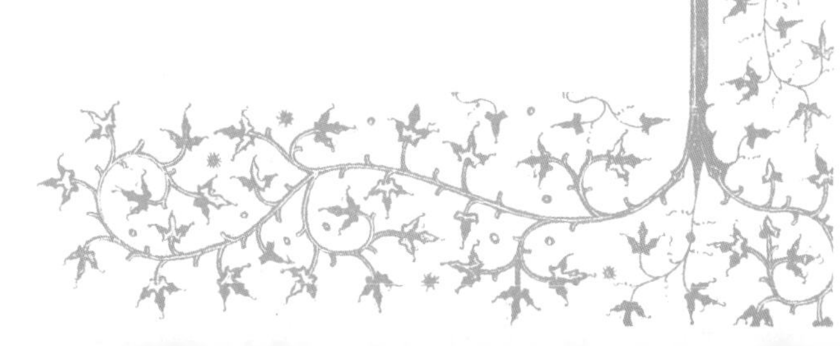

月面學
(Selenography)

專研月球表面地理的學問。

月表十大環形山

山名	直徑
貝里（BAILLY）	184哩
卡夫尤絲（CLAVIUS）	140哩
舒卡爾德（SCHICKARD）	139哩
葛里謬迪（GRIMALDI）	138哩
漢堡得（HUMBOLDT）	130哩
舒里爾（SCHILLER）	112哩
佩夫尤絲（PETAVIUS）	110哩
馬吉尼（MAGINUS）	101哩
瑞可歐里（RICCIOLI）	94哩
賀帕修斯（HIPPARCHUS）	93哩

月面的海

拉丁文名	中文（英文名）
SINUS AESTUUM	暑灣（Bay of Heats）
MARE AUSTRALE	南海（Southern Sea）
MARE CRISIUM	危難海（Sea of Crises）
PALUS EPIDEMIARUM	時疫沼（Marsh of Epidemics）
MARE FECUNDITATIS	豐饒海（Sea of Fertility）
MARE FRIGORIS	冷海（Sea of Gold）
MARE HUMBOLDTINAUM	亨伯特海（Humboldt's Sea）
MARE HUMORUM	濕海（Sea of Humours）
MARE IMBRIUM	雨海（Sea of Showers）
SINUS IRIDUM	虹灣（Bay of Rainbows）
MARE MARGINIS	界海（Marginal Sea）
SINUS MEDII	中灣（Central Bay）
LACUS MORTIS	死湖（Lake of Death）
PALUS NEBULARUM	霧沼（Marsh of Mists）
MARE NECTARS	酒海（Sea of Nectar）
MARE NUBIUM	雲海（Sea of Clouds）

拉丁文名	中文（英文名）
MARE ORIENTALE	東海（Eastern Sea）
OCEANUS PROCELLARUM	風暴洋（Ocean of Storms）
PALUS PUTREDINIS	朽沼（Marsh of Decay）
SINUS RORIS	露灣（Bay of Dews）
MARE SERENITATIS	澄海（Sea of Serenity）
MARE SMYTHII	史密斯海（Smyth's Sea）
PALUS SOMNII	夢沼（Marsh of Sleep）
LACUS SOMNIORUM	睡夢湖（Lake of Dreamers）
MARE SPUMANS	沫海（Foaming Sea）
MARE TRANQUILLITATIS	寧靜海（Sea of Tranquillity）
MARE UNDARIUM	波海（Sea of Waves）

月球學
（Selenology）

專研月亮的學問。

月球組成

每月運轉軌跡

所謂一個月，就是大家所熟知的月亮繞地球公轉一周360度所花的時間。當月亮環繞地球公轉之時：地球本身也是正循著一定的軌跡繞太陽公轉。所以月球必然要多繞個53小時，才能回歸原來地球對太陽的角度位置。

這種回到賦歸點的繞行時間，可以從任何一個參考點開始計算。月球公轉的軌道與其說是圓形，不如說是接近橢圓形的，因此回歸原先位置的時間會因此有些許差異。

陰曆

跟月球有關的科學問題？

問：從農曆初一的新月，或是十五日的滿月，月亮運轉到下一次週期要花多少時間？

答：29.53059天＝29天12小時 44分鐘2秒

星曆

問：月亮繞地球公轉之時，完成一圈後，到下一回合要花多少時間？以一顆恆星爲基準點來測試：

答：27.32166天＝27天7小時43分鐘11.5秒

近點曆

問：無論是離地球近一點或最遠一點，月亮繞地球完成一圈，回到軌道上的原來位置要花多少時間？：

答：27.55455天＝27天13小時18分鐘33.2秒

混日子
（To Moon about）

遊手好閒，懶洋洋地閒逛混時間。
比方1889年JK．傑洛米（JK Jerome），
在懶人妄想（Idle Thoughts）所寫的
「我啥都沒幹，除了在房子裡和花園閒逛混日子之外。」
（I did nothing whatever, except moon about the house and gardens.）

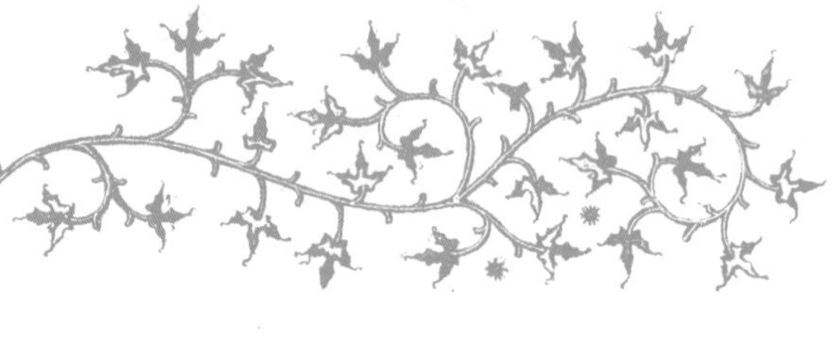

交點月

問：以太陽和其他星球顯見的軌道來看，月亮繞地球公轉時，完成一圈回到軌道上和其他星球的相交點要多少時間？

答：27.21222天＝27天5小時5分鐘35.8秒

熱帶曆法

問：月亮完成它的公轉旅行，越過黃道十二宮的十二個星座回到起點，要多少時間：

答：27.321582天＝27天7小時43分鐘4.7秒

探勘月球

著名的觀月者

觀察月亮的本體，

感受到最美也最令人歡愉的景色。

——蓋利歐・伽利略（*Galileo Galilei*）

十七世紀義大利天文學家

尼可拉斯・哥白尼
波蘭人，1473-1543年

哥白尼（Nicolas Copernicus）是第一位成立地球與其他星球圍繞太陽理論，並提出月球圍繞地球運轉學說之人。

提丘・布萊胥
丹麥人，1546-1601年

布萊胥（Tycho Brahe）雖然接受地球是宇宙中心的說法，但他克服太陽引力影響下的些微差距，正確地測量出月球運行的軌道。

蓋利歐・伽利略（Galileo Galilei）
義大利人，1564-1642年

伽利略（Galileo Galilei）發明並鑽研觀測月球的望遠鏡，讓第一幅精密月面地圖現身。

約翰・克卜勒
德國人，1571-1630年

克卜勒（Johannes Kepler）深信哥白尼提出的太陽爲宇宙中心的理論，他對月球軌道做了相關的觀察和測量，並證明月球引力影響潮汐及月表的生態。

紀梵尼・李絮歐里
義大利人，1598-1671年

李絮歐里（Giovanni Riccioli）爲月球地表各地命名，幾個著名的地標名，現今仍然使用中。

約翰・賀微留斯
波蘭人，1611-1687年

賀微留斯（Johannes Havelius）是專門研究月球地表的著名學者，曾出版詳盡介紹月亮的書，並且發現月球上的海和所謂的平原，都只是一片無水的平地罷了。

約翰・多明尼克・卡西尼
義大利裔法國人，1625-1712年

卡西尼（Jean Dominique Cassini）是主持法國的天文觀測研究所，為月球繪製地圖。

約翰・梅耶
德國人，1723-1762

梅耶（Johann Mayer）是創造第一個使用座標系統的月球地圖。

約翰・海拉姆斯・史若特
德國人，1745-1816年

史若特（Johann Hieronymous Schroeter）是創立月面學，一生獻身於製作月球表面的地表圖，出版並講述有始以來第一張附有測量數字的月表地形地圖。

約翰・赫歇爾爵士
英國人，1792-1871年

赫歇爾爵士（Sir John Herschel）為現代天文學之父，發現了天王星，並認為月亮上可供人類居住。

只是他對月球的發現被現代媒體包括紐約時報，加以誇張

渲染，出現奇怪的月球生物這樣的虛構報導。

約翰・綴波
美國人，1811-1882年

綴波（John Draper）在一八四零年拍攝了第一張月球的照片。

路易斯・路得佛
美國人，1816-1892年

路得佛（Lewis Rutherford）是一個專業的執業律師，卻首創月球攝影之先河。

艾德蒙・尼爾森
英國人，1851-1938年

尼爾森（Edmund Neison）曾在二十五歲時出版一本月亮專書，其中包括一張兩呎長的月表地圖，資料之詳盡比起當時現有的天文資訊更為豐富。

威廉・亨利・匹克寧
美國人，1858-1938年

匹克寧（William Henry Pickering）他完成幾個指標性的觀察報告，並設立幾個主要的天文觀測所。

貝納德・利奧
法國人，1897-1952年

利奧（Bernard Lyot）被認為是當今最重要的天文學家之一，完成了對月球表面重要的一些研究。

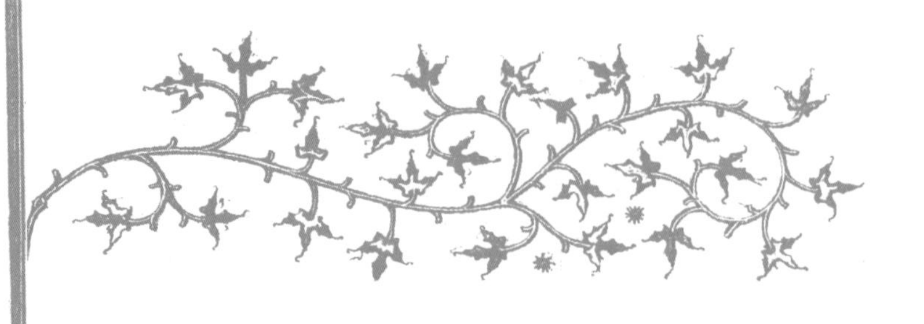

探勘月球

月球漫步

所有的地球生物中，人猿是首先凝視月亮的。雖然人猿不見得有印象，但當他還小時，他有時會伸出手，企圖抓住月亮那如山坡上鬼魅一般的臉蛋。他從未得手過，現在他也成熟到瞭解為什麼抓不到了，所以現在首要的事，他應該找到一棵夠高的樹爬上去。

——*2001*太空漫遊（*2001: A Space Odssey*）
亞瑟・克拉克（*Arthur C, Clarke*）
二十世紀美國人

歷史上記載有關登月探險的小說，最早的一部應該是在西元165年愛琴海薩姆斯島（Samos）的路西安（Lucian）作品。他幻想編織一支登月的地球遠征探險隊，透過一個掛在淺池的超大鏡子通往月球，這超大的鏡面反射了所有地面的生活

情形、每個國家和每個城市。

而路西安的想像要過一千八百餘年後，才由太空船阿波羅八號加以證明：太空人們可以從外太空凝視地球的家，並且透視整個宇宙，了解這是個統一的星系。一年之後，阿波羅二號順利降落並自寧靜海登陸月球，那著名的人類第一步便是在此時發生。

因為太空人登陸月球，那月球上的男人、月球母親、住在月球的女神、還有各式各樣的動物、蟲類及傳說，都在那令人震撼的科技進展下，透過無遠弗屆的媒體，在電視螢光幕強力放送中，被一一抹滅了。

月球漫步
（Moonwalking）

一種向後拖曳行走，像在月亮中漫步的舞蹈，
是超級巨星麥克・傑克遜（Michael Jackson）發明。

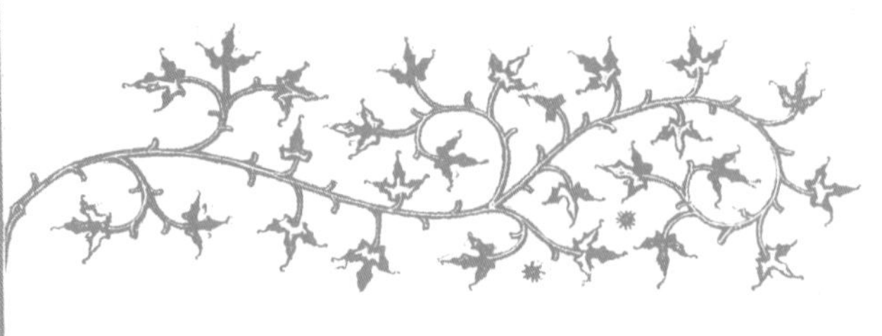

探勘月球

登月任務

你以為我是誰，月亮說。

不起眼的小東西

你是誰？

敢在這邊無禮地撒野

去！

我是雪琳娜女神

別碰我一下

從你的望遠鏡

跟你的小眼睛

你知道我的智慧。

月面圖
（Selenograph）

刻劃月球表面的圖表。

月亮發射器
（Moonshot）

向月球發射月球探測器。

科學？

雕蟲小技的同義詞

你聽到我說什麼了。

下來吧 不起眼的小人兒

回家去，從你來的地方

滾！

否則太陽會使臉色給我看

如果你知道我什麼意思。

——伊迪斯・西特韋爾假設中的月亮

（*Edith Sitwell Assumes the Role of Luna*）

羅伯特・法蘭西斯（*Robert Francis*）

二十世紀美國人

無人太空船進行的飛行、環繞或是登月進展記錄

日期	太空梭	任務內容
1958年10月	先鋒一號（PIONEER1）USA	太空飛船越過指定地點。
1958年12月	先鋒三號（PIONEER3）USA	太空飛船越過指定地點。
1959年1月	月球一號（LUNA1）USSR	太空飛船越過指定地點。
1959年3月	先鋒四號（PIONEER4）USA	到達距離月球37,300哩處。
1959年9月	月球二號（LUNA2）USSR	首次在澄海東邊登陸月球。
1959年10月	月球三號（LUNA3）USSR	第一張拍攝月亮遠照
1962年4月	遊騎兵四號（RANGER4）USA	在月球外圍墜落後爆炸

日期	太空梭	任務內容
1964年2月	遊騎兵六號（RANGER6）USA	攝影機故障，在寧靜海登陸月球。
1964年7月	遊騎兵七號（RANGER7）USA	傳送第一張月球近照回地球，在雲海降落。
1965年2月	遊騎兵八號（RANGER8）USA	傳送第一張高畫質照片回地球，在寧靜海降落。
1965年3月	遊騎兵九號（RANGER9）USA	回傳照片，在阿爾芬斯坑降落。
1965年5月	月球五號（LUNA5）USSR	首次嘗試平穩在降落，卻在雲海附近墜毀。
1965年7月	東方三號（ZOND3）USSR	遠照月球。
1965年10月	月球七號（LUNA7）USSR	平穩降落失敗，在風暴洋附近墜毀。

日期	太空梭	任務內容
1965年12月	月球八號（LUNA8）USSR	平穩降落失敗，在風暴洋附近墜毀。
1966年1月	月球九號（LUNA9）USSR	在風暴洋附近平穩成功降落，電視首次轉播月表實況。
1966年3月	月球十號（LUNA10）USSR	發射首例月球衛星，可測試月表幅射，磁場密度和引力大小。
1966年5月	探勘者一號（SURVEYOR1）USA	首次美國人在風暴洋附近，以無人駕駛裝置，平穩降落成功。
1966年8月	月環行一號（LUNAR ORBITER1）USA	拍攝近二百萬平方哩範圍大小的月表，在背面降落。
1966年9月	月球十一號（LUNA11）USSR	進入太空軌道運行。

日期	太空梭	任務內容
1966年9月	探勘者二號（SURVEYOR2）USA	平穩降落失敗，在哥白尼山附近墜毀。
1966年10月	月球十二號（LUNA12）USSR	進入太空軌道運行，並回傳高畫質照片。
1966年11月	月環行二號（LUNAR ORBITER2）USA	進入太空軌道運行，拍攝降落點，在1967年10月11日降落成功。
1966年12月	月球十三號（LUNA13）USSR	在風暴洋附近平穩降落，測量土壤密度和月表幅射。
1967年2月	月環行三號（LUNAR ORBITER3）USA	進入太空軌道運行，回傳照片和資料，在1967年10月9日降落成功。
1967年4月	探勘者三號（SUR-VEYOR3）USA	在風暴洋附近以無人駕駛裝置平穩降

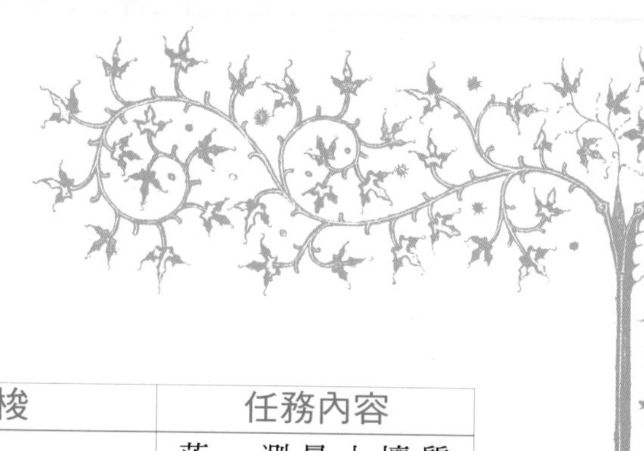

日期	太空梭	任務內容
		落，測量土壤質地。
1967年5月	月環行四號（LUNAR ORBITER4）USA	進入太空軌道運行，回傳第一張月亮南極照片，在1967年10月6日降落成功。
1967年7月	探勘者四號（SURVEYOR4）USA	在降落中灣之前和太空船聯繫中斷達二分半鐘之久。
1967年7月	探險家三十五號（EXPLORER35）USA	進入太空軌道運行，測試月表磁場密度。
1967年8月	月環行五號（LUNAR ORBITER5）USA	進入太空軌道運行，在1968年1月31日降落成功。
1967年9月	探勘者五號（SURVEYOR5）USA	以無人駕駛裝置在寧靜海降落，測量土壤密度。

日期	太空梭	任務內容
1967年11月	探勘者六號（SURVEYOR6）USA	以無人駕駛裝置，在中灣降落。
1968年1月	探勘者七號（SURVEYOR7）USA	以無人駕駛裝置，在地谷（Tycho）降落。
1968年4月	月球十四號（LUNA14）USSR	進入太空軌道運行，研究地心引力的範圍。
1968年9月	東方五號（ZOND5）USSR	首度環繞地球一周返回。
1968年11月	東方六號（ZOND6）USSR	環繞月球和地球之後返回。
1969年7月	月球十五號（LUNA15）USSR	採集樣品，在危難海附近墜毀。
1969年8月	東方七號（ZOND7）USSR	環繞月球和地球之後返回。

日期	太空梭	任務內容
1970年9月	月球十六號（LUNA16）USSR	首次降落後返回地球，機器人自豐饒海取土壤樣本。
1970年11月	東方八號（ZOND8）USSR	環繞月球和地球之後返回。
1970年11月	月球十七號（LUNA17）USSR	首位徘徊者機器人在虹灣降落後，返回地球。
1971年9月	月球十八號（LUNA18）USSR	在豐饒海附近墜毀。
1971年9月	月球十九號（LUNA19）USSR	進入太空軌道運行，研究地心引力的範圍。
1972年2月	月球二十號（LUNA 20）USSR	降落在危難海盆灣邊，採集土壤樣品後返回地球。
1973年1月	月球二十一號（LUNA21）USSR	降落後，徘徊者機器人採集土壤樣品

日期	太空梭	任務內容
1974年5月	月球二十二號（LUNA22）USSR	進入太空軌道運行，採集土壤樣品。
1974年11月	月球二十三號（LUNA23）USSR	降落在危難海，落地時有碰撞。
1976年8月	月球二十四號（LUNA24）USSR	降落在危難海，採集土壤樣品後返回地球。
1990年1月	（HITEN MUSES-A）JAPAN	進入太空軌道運行，研究引力對太空船的影響， 1993年4月11日在月球墜毀。
1994年1月	克里蒙丁號（CLEMENTINE）USA	進入太空軌道運行，拍攝月表照片。
1998年1月	月投機號（LUNAR PROSPEC TOR）USA	進入太空軌道運行，製作月表地殼的精細地圖，證明

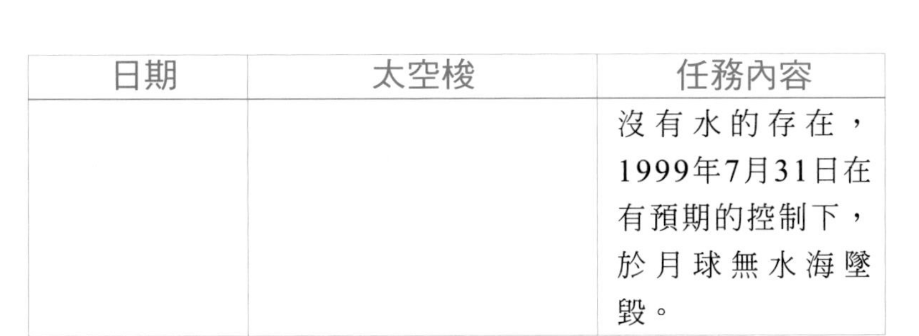

日期	太空梭	任務內容
		沒有水的存在，1999年7月31日在有預期的控制下，於月球無水海墜毀。

**USA=美國；USSR=蘇聯；JAPAN=日本

載人太空船進行的飛行、環繞或是登月進展記錄

日期	太空梭/計畫成員	任務內容
1968年10月11日	阿波羅七號：康寧漢（Cunningham）、艾希禮（Eisele）、西拉（Shirra）	測試地球運轉軌道。
1968年12月21日	阿波羅八號：安德斯（Anders）、鮑曼（Borman）、羅威爾（Lovell）	首次載人的太空船進入月球軌道運行。
1969年3月3日	阿波羅九號：麥迪威（McDivit）、史考特（Scott）、史威克特（Schweickart）	測試地球運轉軌道。

日期	太空梭/計畫成員	任務內容
1969年5月18日	阿波羅十號：施南（Cernan）、史達福（Stafford）、楊（Young）	進行太空船在月球軌道相接、會合的演習，並嘗試降落。
1969年7月16日	阿波羅十一號：艾德林（Aldrin）、阿姆斯壯（Armstrong）、柯林斯（Collins）	1969年7月20日人類首次降落在月球寧靜海。
1969年11月12日	阿波羅十二號：康納（Conrad）、賓（Bean）、高登（Gordon）	1969年11月19日降落在月球風暴洋。
1970年4月11日	阿波羅十三號：海斯（Haise）、羅威爾（Lovell）、史威格特（Swigert）	降落計劃失敗，太空船爆炸墜毀。
1971年1月31日	阿波羅十四號：雪帕（Shepard）、米契爾（Mitchell）、羅莎（Roosa）	1971年2月5日降落在月球法莫羅。

日期	太空梭/計畫成員	任務內容
1971年7月26日	阿波羅十五號：史考特（Scott）、歐文（Irwin）、沃登（Worden）	在月表亞平寧山脈降落，使用徘徊者機器人來探勘月球地表。
1972年4月16日	阿波羅十六號：杜克（Duke）、麥特利（Mattingly）、楊（Young）	1972年4月20日，在笛卡兒高地降落。
1972年12月7日	阿波羅十七號：施南（Cernan）、艾文（Evans）、施密特（Schmitt）	1972年12月11日在月表降落，首位地質學家參與登月計劃

Part 4

附錄

其他語言的月亮

各種語言的月亮神祇

神

CHANDRAS	印度教語
INDRUS	印度教語
JAPARA	澳洲土著
KHONS	埃及語
KLEHANOAI	安那瓦霍族語
KUU	芬蘭烏拉語
LUAN	愛爾蘭語
MA	波斯文
MOON BROTHER	愛斯基摩語
MOON OLD MAN	桃絲語Taos
MYESYTS	塞爾維亞語
ROONG	海達語
SIN	亞述語、巴比倫語

SOMA	印度教之吠陀梵語
TECCIZTECATL	阿茲提克語
THOTH	埃及語
TSUKI-YOMI	日本敬語

女神

A	迦勒底語
AKUA'BA	阿善提語
ALBION	英語
AL-LAT	古回教阿拉伯語
AL-MAH	波斯文
ANATH	芬蘭阿格里文
ANNIT	北巴比倫語
APHRODITE	希臘語
ARDVI SURA ANAHITA	波斯文
ARIANROD	威爾斯語
ARMA	希泰語
ARTEMIS	希臘文、亞馬遜地區語言

ARTIMPASSA	塞西亞語
ASHERATH	閃語
ASTARTE	閃語
AUCHIMALGEN	智利阿勞卡尼亞語
BAST	埃及文
BRIGIT	塞爾特語
BRITOMARTIS	克里特島文
BRIZO	愛琴海德洛島文
CANDI	印度文
CAOTLICUE	阿茲提克文
CHANGING WOMAN	阿帕契、安那瓦霍語
CH'ANG O	中文
COYOLXANLIQUI	阿茲提克文
DAE-SOON	韓文
DIANA	羅馬語
DIKTYNNA	克里特島文
DORIS	多利安族語
EUROPA	克里特島文
GALA	塞爾特語

GNATOO	波里尼西亞島嶼用語
GWATEN	日本佛教用語
HANWL	沃格拉拉語
HARD BEINGS WOMAN	美國印地安霍皮語
HECATE	希臘文
HINA	波里尼西亞島嶼用語
HINA-HANAIA-I-KA-MALAMA	夏威夷文
HUITACA	奇布查語
HUN-AHPU-AHPU-MTYE	瓜地馬拉語
INANNA	蘇美語
ISHTAR	阿卡德語
ISIS	埃及文
IX CHEL	馬雅語
IX-HUYNE	馬雅語
JUNO LUCETIA	羅馬語
LALAL	伊特魯里西亞文
LEADER OF WOMEN	摩霍克語
LILITH	蘇美語
LUNA	羅馬語

MACHA ALLA	中亞語
MAH	波斯語
MANA	羅馬語
MANAT	古回教阿拉伯語
MAMA QUILLA	秘魯語
MARDOLL	斯堪地那維亞語
MARY, QUEEN OF HEAVEN	基督教語
MAWU	達美語
MENSA	羅馬語
MEZTLI	阿茲提克語
MITI	恰克契人
MONA	條頓語
MOONLIGHT-GIVING MOTHER	蘇尼語
MWEZI	圖西語
NUAH	巴比倫語
NYADEYANG	非洲努爾語
OLD WOMAN WHO NEVER DIES	蘇族語
O SHION	吉普賽人語
PANDIA	希臘語

PE	俾格米語
PERSE	古希臘語
PHERAIA	泰撒立安語
PHEOBE	希臘語
QADESH	迦南語
RABIE	印尼語
RI	腓尼基語
SARDARNUNA	蘇美文、迦勒底文
SELENE	希臘語
SIRDU	施瑞達語
TAPA	波里尼西亞島嶼用語
THE ETERNAL ONE	北美印地安語
TITANIA	羅馬語
TSU-YOMI	日文敬語
URSULA	斯拉夫語
WHITE SHELL WOMAN	安那霍語
YEMANJA	巴西語
YOLKAI ESTAN	安那霍語
ZIRNA	伊特魯里亞語

其他語言的月亮（按字母排列）

非洲俾格米矮黑人語（AFRICAN PYGMY）	璧（Pe）
西非阿散蒂語（ASHANTI）	玻尙（Boshun）
印尼語（BAHASA INDONESIAN）	布蘭（Bulan）
中文（CHINESE）	月（Yuet）
荷蘭語（DUTCH）	曼（Maan）
丹麥語（DANISH）	曼內（Mane）
埃及語（EGYPTIAN）	菩（Pooh）
愛斯基摩語（ESKIMO）	塔克芮特（Tatkret）
芬蘭語（FINNISH）	露娜（Luna）
法文（FRENCH）	拉露韻（la Lune）
德語（GERMAN）	得蒙（der Mond）

希臘文（GREEK）	曼儂（Menos）
夏威夷語（HAWIIAN）	曼希娜（Mahina）
愛爾蘭語（IRISH）	吉拉，露安（Gealach, Luan）
義大利文（ITALIAN）	拉露娜（la Luna）
日語（JAPANESE）	月亮（Otsukisama）敬語，月（Tsuki）口語
韓文（KOREAN）	塔（Tal）
波斯語（PERSIAN）	碼（Mâh）
秘魯語（PERUVIAN）	吉拉媽媽（Mama Quilla）
波蘭語（POLISH）	凱茲西（Ksiezyc）
波利尼西亞（POLYNESIAN）	希娜（Hina）
葡萄牙語（PORTUGUESE）	阿露（a Lua）
羅馬尼亞語（ROMANIAN）	露娜（Luna）

俄語（RUSSIAN）　露娜（Luna）

梵文（SANSKRIT）　蓋斯（Gaus）

克羅埃西亞語（SERBO-CROATIAN）　宓思耶（Mjesec）

西班牙語（SPANISH）　拉露娜（la Luna）

東非斯瓦希裏語（SWAHILI, TUTSI）　蜜維之（Mwezi）

韃靼語（TATAR）　慕夏艾拉（Macha Alla）

土耳其語（TURKISH）　愛（Ay）

威爾士語（WELSH）　伊露亞得（Ileuad）

依地語（YIDDISH）　拉逢內（Levone）